国家职业技能等级认定培训教材

制冷工

（技师）

本书编审人员

主　编　王长明
副主编　朱　芬
编　者　刘心颖　董韶峰　陈雪清　席　丹　卢隆杰
　　　　王长明　朱　芬
主　审　叶翠安

中国劳动社会保障出版社

图书在版编目（CIP）数据

制冷工：技师 / 人力资源社会保障部教材办公室组织编写. -- 北京：中国劳动社会保障出版社，2023

国家职业技能等级认定培训教材

ISBN 978-7-5167-5949-3

Ⅰ.①制… Ⅱ.①人… Ⅲ.①制冷工程 - 职业技能 - 鉴定 - 教材 Ⅳ.①TB6

中国国家版本馆 CIP 数据核字（2023）第 109054 号

中国劳动社会保障出版社出版发行

（北京市惠新东街 1 号 邮政编码：100029）

*

保定市中画美凯印刷有限公司印刷装订 新华书店经销

787 毫米 ×1092 毫米 16 开本 16 印张 254 千字

2023 年 7 月第 1 版 2023 年 7 月第 1 次印刷

定价：45.00 元

营销中心电话：400-606-6496

出版社网址：http://www.class.com.cn

前　言

为加快建立劳动者终身职业技能培训制度，大力实施职业技能提升行动，全面推行职业技能等级制度，推进技能人才评价制度改革，促进国家基本职业培训包制度与职业技能等级认定制度的有效衔接，进一步规范培训管理，提高培训质量，人力资源社会保障部教材办公室组织有关专家在《制冷工国家职业技能标准》（以下简称《标准》）制定工作基础上，编写了制冷工国家职业技能等级认定培训系列教材（以下简称等级教材）。

制冷工等级教材紧贴《标准》要求编写，内容上突出职业能力优先的编写原则，结构上按照职业功能模块分级别编写。该等级教材共包括《制冷工（基础知识）》《制冷工（初级）》《制冷工（中级）》《制冷工（高级）》《制冷工（技师）》5本。《制冷工（基础知识）》是各级别制冷工均需掌握的基础知识，其他各级别教材内容分别包括各级别制冷工应掌握的理论知识和操作技能。

本书是制冷工等级教材中的一本，是职业技能等级认定推荐教材，也是职业技能等级认定题库开发的重要依据，已纳入国家基本职业培训包教材资源，适用于职业技能等级认定培训和中短期职业技能培训。

本书由广州市工贸技师学院王长明担任主编，广东交通职业技术学院叶翠安主审。具体分工为：广州市工贸技师学院朱芬、广东省建筑设计研究院有限公司刘心颖编写了职业模块1，广州市工贸技师学院董韶峰、王长明，广东机电职业技术学院陈雪清编写了职业模块2和职业模块3，广州市工贸技师学院席丹、珠海市理工职业技术学校卢隆杰编写了职业模块4和职业模块5。

本书在编写过程中得到广州市工贸技师学院等单位的大力支持与协助，在此一并表示衷心感谢。

人力资源社会保障部教材办公室

前言

目 录 CONTENTS

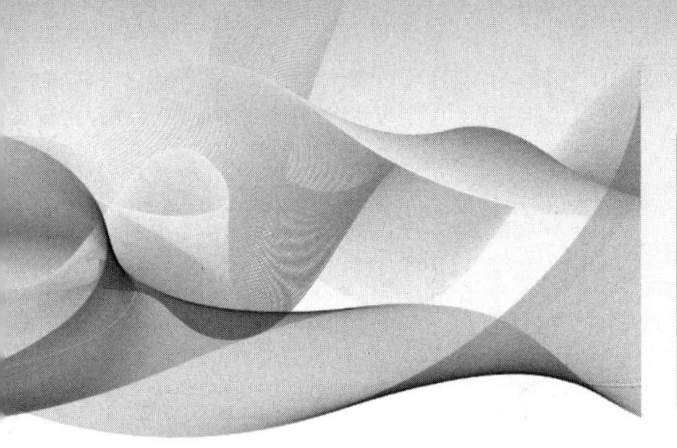

职业模块 1 操作与调整

培训课程 1　自控装置安装与调整

学习单元 1　传感器更换与调整

学习单元 2　远程控制系统调试

培训课程 2　制冷系统试运行

学习单元 1　制冷剂充注量确定

学习单元 2　试运行方案制定

学习单元 3　制冷系统调试

培训课程 1 自控装置安装与调整

学习单元 1 传感器更换与调整

熟悉传感器的种类与温度传感器的基本工作原理

能够更换、调整传感器

一、传感器概述

随着制冷设备的智能化程度越来越高，传感器是使设备实现智能化不可或缺的组成部分。传感器又称换能器或变换器。传感器（transducer/sensor）是指能感受规定的被测量并按照一定的规律将其转换成可用输出信号的器件或装置，通常由敏感元件和转换元件组成，如图 1–1 所示。

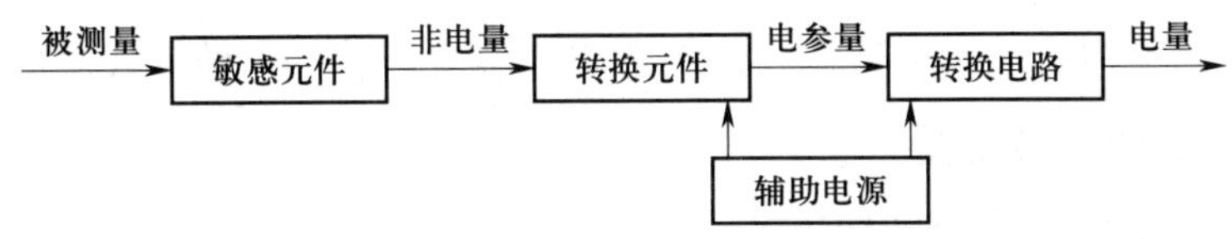

图 1–1 传感器基本组成

图 1–1 中的敏感元件是传感器的核心，直接感受被测量的变化，并输出一个和被测量成一定函数关系的中间量。敏感元件输出的中间量输入转换元件，转换成电路参量，如电阻、电容、电感，或直接转化成适用于传输和测量的电量，如电流、电压、频率。电路参量输入基本转换电路（以下简称转换电路），

便可转换成电信号。或者对电信号进一步转换和处理，如放大、滤波、线性化、补偿等，以获得更好的品质特性，便于后续电路实现显示、记录、处理及控制等功能。

辅助电源为传感器的工作提供电能，有的传感器需要外加电源，有的传感器不需要外加电源。

制冷系统最简单的传感器由一个敏感元件（兼转换元件）组成，它感受被测量时直接输出电量，如热电偶。有些传感器由敏感元件和转换元件组成，没有转换电路，如压电式加速度传感器，其中质量块是敏感元件，压电片（块）是转换元件。有些传感器，转换元件不止一个，要经过若干次转换。

二、传感器的分类

传感器按照不同的分类方式可以分为以下众多类型。

1. 按被测物理量分类，可以分为温度传感器、压力传感器、位移传感器、转速传感器、湿度传感器等。

2. 按工作原理分类，可以分为应变式传感器、电容式传感器、压电式传感器。

3. 按输出信号形式分类，可以分为模拟式传感器、数字式传感器。

4. 按能量传递的方式分类，可以分为能量转换型传感器、能量控制型传感器两大类。能量转换型传感器常见有压电式、电磁式、光电式等传感器，能量控制型传感器常见有电阻式、电容式、热敏电阻式、湿敏电阻式等传感器。

三、温度传感器的工作原理

温度传感器属于热工参数传感器。按照温度传感器输出信号的模式，可以划分为三大类：模拟式温度传感器、逻辑输出式温度传感器、数字式温度传感器。

1. 模拟式温度传感器

（1）传统的模拟式温度传感器

传统的模拟式温度传感器有热电偶、热敏电阻等。它们对温度的监控在某些温度范围内线性输出不好，需要进行冷端补偿或引线补偿。传统的模拟式温度传感器热惯性大，响应速度较慢。

（2）热电偶传感器

热电偶传感器是检测技术中应用最广泛的一种温度传感器，它与被测对象直接接触，不受中间介质的影响，具有较高的精确度；测量范围广，可在 -50 ~ 1 600 ℃范围内进行连续测量。特殊的热电偶如金铁 - 镍铬，最低可测到 -269 ℃，钨 - 铼最高可测到 2 800 ℃。

热电偶传感器主要利用热电效应工作。将两种不同的导体 A 和 B 连接起来，组成一个闭合回路，即构成感温元件，如图 1-2 所示，当导体 A 和导体 B 的两个接点之间存在温差时，两者之间便产生电动势，因而在回路中形成一定大小的电流，这种现象即称为热电效应，也叫温差电效应。热电偶就是利用这一效应进行工作的。热电偶的一端将 A、B 两种导体焊接在一起，称为工作端，置于温度为 t 的被测介质中。另一端称为参比端或自由端，放于温度为 t_0 的恒定温度下。当工作端的被测介质温度发生变化时，热电动势随之发生变化，将热电动势送入显示仪表或计算机进行处理，即可得到温度值。

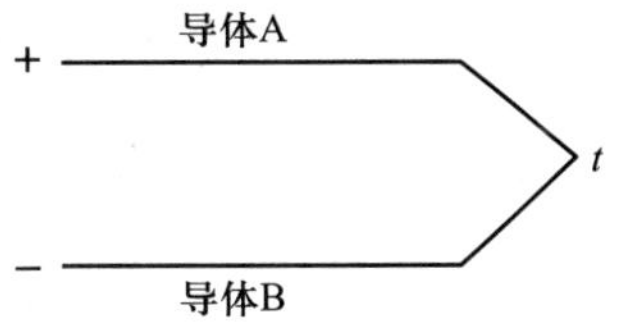

图 1-2 热电偶原理

（3）集成模拟温度传感器

集成模拟温度传感器具有灵敏度高、输出线性度好、响应速度快等优点，可与驱动电路、信号处理电路以及相关的逻辑控制电路制成单片集成电路，具有体积小、使用方便等优点。

2. 逻辑输出式温度传感器

在很多应用场合，实际并不需要严格测量温度值，只关心温度是否超出了一个设定范围，一旦温度超出了所设定的范围，则发出报警信号，启动或关闭风机、空调、加热器或其他控制设备，此时可选用逻辑输出式温度传感器。如基于逻辑输出式温度传感器的温度开关、温度监控开关等。

3. 数字式温度传感器（智能温度传感器）

数字式温度传感器由温度传感器、AD 转换器、信号处理器、存储器（或寄存器）和接口电路组成。数字式温度传感器的特点是能输出温度数据及相关的温度控制量。数字式温度传感器适配各种微控器（MCU），可通过编程实现检测功能。

基于数字式温度传感器的数字式温度控制器（以下简称数字式温控器）又称为电子温控器、数字温度测量控制仪、数字温度显示调节仪等，是较新型的温度控制器。

数字式温控器的核心部分是单片机，传感器（检测元件、感温元件）是热电偶、热电阻、热敏电阻、霍尔元件等。每种型号的温控器与特定的传感器配套使用，不能随意更换。在制冷空调装置中，最常用的感温元件是铂热电阻、铜热电阻、PTC 热敏电阻和 NTC 热敏电阻。上限设定用来设定开机温度，下限设定用来设定停机温度，两者之差即开停温差。执行机构为多种类型的继电器，进行通断输出。显示部分采用液晶显示屏或高亮度数码管显示屏。

数字式温控器有很多种类，研发机构几乎为每种制冷空调装置都设计了专用的型号，可以用于各种制冷空调装置中。数字式温控器按功能可以分为：单输出型，用于冷饮水机、人工除霜的冷柜和小型冷库，仅控制压缩机的开停；停机化霜型，用于间冷式冰箱、电热或热泵化霜的小型冷库，可以控制压缩机、风机、换向阀或电磁阀的动作；热泵双温型，用于热泵型冷热水机组，控制压缩机、风机、换向阀、水泵的动作；多机并联型，用于控制多台压缩机；多路化霜型，用于控制并联的多套化霜系统；多风机并联型，用于多台风冷冷凝器并联使用的场合；通用型，有双位控制式和三位控制式等。在实际应用中可以根据需要进行功能比选，用于不同的装置。

制冷空调常用的数字式温控器一般功率为 5 W 以下，输出信号可控制 220 V 或 380 V 线路。设定温度范围有 −45 ~ 45 ℃、−50 ~ 50 ℃、−100 ~ 50 ℃、−50 ~ 150 ℃等多种。控温精度远高于其他温控器，一般为 ±1 ℃，高精度型的可达 ±0.1 ℃。使用时，环境温度范围为 0 ~ 60 ℃，环境相对湿度（relative humidity，RH）范围为 10% ~ 90%。在使用中，需要注意开停温差既要满足使用要求，又不可设置太小，以免压缩机频繁开停。

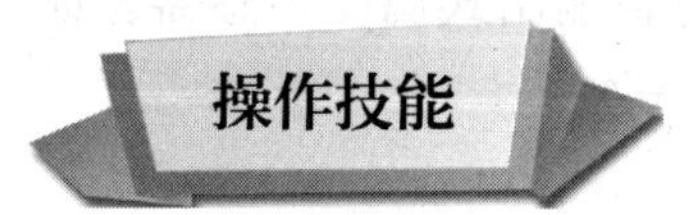

操作技能

更换与调整传感器（以温度传感器为例）

一、操作准备

1. 工器具及材料

（1）螺钉旋具和扳手（按具体情况选择使用），验电笔、万用表、美工刀、尖嘴钳、测试温度计。

（2）如需要，应准备电烙铁、焊锡与助焊剂。

（3）手电或行灯（视操作环境采光而定）。

（4）新的传感器、电工胶布、自锁式尼龙扎带（束线带）等。

（5）带传感器的电子温度控制器或空调器控制板。

2. 查看技术文件及现场设备

主要是确认技术规范，原传感器及配合控制设备的规格型号、测量范围与精度等，以确定传感器品牌、规格、型号等技术参数以及替代方案。

二、操作步骤

步骤 1　拆除损坏的传感器

（1）切断电源。

（2）把损坏传感器的电缆引脚、插头从仪表上拆下，注意拆除顺序和引脚、插头的位置，以及接口串行电路等，必要时做出标记。

（3）拆下探头，用尖嘴钳剪短扎带，剥离电缆。如果电缆拆除不方便，可不拆除。

步骤 2　安装新传感器

（1）再次检查新传感器的技术参数是否符合要求。

（2）安装时先用胶带固定，后用扎带扎牢。在布线时以此扎好多余电缆至仪表处。

（3）如果原电缆穿有套管，可以将新的电缆接线端用胶带固定在旧的电缆（探头处要把探头剪掉，使两线连接处尽量细）尾部，在仪表一侧轻轻拉出旧的电缆，把新的电缆带过来。

（4）用万用表测量传感器阻值。

（5）按记录好的顺序及位置将引脚、插头、接口电路接入仪表。

步骤 3　参数调试

（1）再次确认接口上电后，观察显示数值，根据测试温度计的数值调整设定参数。

（2）开机运行，观察控制动作是否正常，不正常时及时调整控制参数。

步骤 4　记录

记录工作内容、测试过程及结果。

三、注意事项

1. 设备安全

在更换安装过程中对仪表、传感器不能敲击、重压，以免损坏或影响传感器灵敏度。需要注意的是，部分仪表必须与配套的传感器一起使用。导线应连接可靠无松动，不得接触其他导体。

2. 人身安全

注意监护，严格遵守操作规程。

3. 运行安全

保证感温位置与原探头一致。

学习单元 2　远程控制系统调试

掌握远程控制系统的特点和功能

能够自主对远程控制系统进行调试

一、远程控制系统的特点

1. 具有自动巡检、集中管理、故障报警、故障定位、自动寻呼、历史数据导出打印、节能管理、自动化管理、远程调试、远程控制等功能。

2. 组网多样化，可实现 RS-485 总线、ISO/OSI、固定 IP、DDN、ISDN、PPPOE、VPN、WAN、LAN、GPRS、APN 等多种方式组网。

3. 集监控、调试、管理为一体的平台；能实现对机组进行实时监测、工作模式切换、故障原因分析处理、节能控制管理、远程控制、远程调试、远程故障分析等。

二、远程控制系统的调试要求

在日常工作中，技术人员往往会参与制冷系统的调试与改造工程，随着技术的进步，由仪表设备装置、仪表管线、仪表动力和辅助设施等硬件以及相关软件所构成的控制系统，特别是采用数字技术、计算机技术和网络通信技术等综合控制系统被大量应用。这些控制系统的安装、更新、调试及维护是很重要的工作。参照现行国家标准《自动化仪表工程施工及质量验收规范》（GB 50093—2013）、《电气装置安装工程 电缆线路施工及验收规范》（GB 50168—2018）等规范，控制系统的调试有以下基本要求。

1. 一般要求

（1）仪表在安装和使用前，应进行检查、校准和试验，确认符合设计文件要求及产品技术文件所规定的技术性能。校准和试验应在清洁、安静、光线充足、无振动、无电磁场干扰、温度在 10 ~ 35 ℃的室内进行。校准和试验用的标准仪器、仪表应具备有效的计量检定合格证明，其基本误差的绝对值不宜超过被校准仪表基本误差绝对值的 1/3。校准点应在仪表全量程范围内均匀选取，一般不应少于 5 点。系统投用前应进行回路试验。在回路试验时，仪表校准点不应少于 3 点。

（2）仪表试验的电源电压应稳定，交流电源、60 V 以上的直流电源电压波动不应超过 ±10%；60 V 以下的直流电源电压波动不应超过 ±5%。仪表试验的气源应清洁、干燥，压力稳定，露点比最低环境温度低 10 ℃以上。

2. 单台仪表调试要求

（1）指针式显示仪表应面板清洁，刻度和字迹清晰；指针在全标度范围内移动应平稳、灵活；其示值误差、回程误差应符合仪表精度的规定；在规定的工作条件下倾斜或轻敲表壳后，指针位移应符合仪表精度的规定。

（2）数字式显示仪表的示值应清晰、稳定，在测量范围内其示值误差应符合仪表精度的规定。

（3）变送器、转换器应进行输入输出特性试验和校准，其精度应符合产品技术性能要求，输入输出信号范围和类型应与铭牌标志、设计文件要求一致，并与显示仪表配套。压力、差压变送器的校准和试验还应按设计文件和使用要求进行零点、量程调整和零点迁移量调整。

（4）温度检测仪表的校准试验点不应少于 2 点，直接显示温度计的示值误差应符合仪表精度的规定。

（5）贮罐液位计可在安装完成后直接模拟物位进行就地校准。

（6）单元组合仪表、组装式仪表等应对各单元分别进行试验和校准，其性能要求和精度应符合产品技术文件的规定。控制仪表的显示部分应按照对显示仪表的要求进行校准，仪表的控制点误差，比例、积分、微分电路功能，信号处理及各项控制、操作性能，均应按照产品技术文件的规定和设计文件要求进行检查、试验、校准和调整，并进行有关组态模式设置和调节参数预整定。

（7）控制阀和执行机构的试验应注意：阀体压力试验和阀座密封试验等项目，可对制造厂出具的产品合格证明和试验报告进行验证，对事故切断阀应进行阀座密封试验，其结果应符合产品技术文件的规定；膜头、缸体泄漏性试验合格，行程试验合格；事故切断阀和设计规定了全行程时间的阀门，必须进行全行程时间试验。执行机构在试验时应调整到设计文件规定的工作状态。

（8）电源设备的带电部分与金属外壳之间的绝缘电阻，用 500 V 兆欧表测量时不应小于 5 MΩ。当产品说明书另有规定时，应符合其规定。电源的整流和稳压性能试验，应符合产品技术文件的规定。不间断电源应进行自动切换性能试验，切换时间和切换电压值应符合产品技术文件的规定。

单台仪表校准和试验合格后，应及时填写校准和试验记录，仪表上应有合格标志和位号标志，仪表需加封印和漆封的部位应加封印和漆封。

3. 综合控制系统调试要求

（1）综合控制系统应在回路试验和系统试验前对装置本身进行试验。试验应在本系统安装完毕，供电、照明、空调等有关设施均已投入运行的条件下进行。

（2）综合控制系统的硬件试验项目应包括：盘柜和仪表装置的绝缘电阻测量；接地系统检查和接地电阻测量；电源设备和电源插卡各种输出电压的测量和调整；系统中全部设备和全部插卡的通电状态检查；系统中单独的显示、记录、控制、报警等仪表设备的单台校准和试验；通过直接信号显示和软件诊断程序对装置内的插卡、控制和通信设备、操作站、计算机及其外部设备等进行状态检查；输入、输出插卡的校准和试验。

（3）综合控制系统的软件试验项目应包括：系统显示、处理、操作、控制、报警、诊断、通信、冗余、打印、拷贝等基本功能的检查试验；控制方案、控制和联锁程序的检查。

综合控制系统的试验可以按产品的技术文件和设计文件的规定安排进行。

4. 回路和系统调试要求

（1）具体要求：回路中的仪表设备、装置和仪表线路、仪表管道安装完毕；组成回路的各仪表的单台试验和校准已经完成；仪表配线和配管经检查确认正确完整，配件附件齐全；回路的电源、气源和液压源正常供给并符合仪表运行的要求。

（2）回路试验应做好试验记录，根据现场情况和回路的复杂程度，按回路位号和信号类型合理安排。

（3）控制系统可先在控制室内以与就地线路相连的输入输出端为界进行回路试验，然后与就地仪表连接进行整个回路的试验。

（4）检测回路的试验要求：在检测回路的信号输入端输入模拟被测变量的标准信号，回路的显示仪表部分的示值误差，不应超过回路内各单台仪表允许基本误差平方和的平方根值。温度检测回路可在检测元件的输出端向回路输入电阻值或毫伏级模拟信号。现场不具备模拟被测变量信号的回路，应在其可模拟输入信号的最前端输入信号进行回路试验。

（5）控制回路的试验要求：控制器和执行器的作用方向应符合设计规定。通过控制器或操作站的输出向执行器发送控制信号，检查执行器执行机构的全行程动作方向和位置应正确，执行器带有定位器时应同时试验。当控制器或操作站上有执行器的开度和起点、终点信号显示时，应同时进行检查和试验。

（6）报警系统的试验要求：系统中有报警信号的仪表设备，如各种检测报警开关、仪表的报警输出部件和接点，应根据设计文件规定的设定值进行整定。在报警回路的信号发生端模拟输入信号，检查报警灯光、音响和屏幕显示应正确。报警点整定后宜在调整器件上加封记。报警的消音、复位和记录功能应正确。

（7）程序控制系统和联锁系统的试验要求：程序控制系统和联锁系统有关装置的硬件和软件功能试验已经完成，系统相关的回路试验已经完成。系统中的各有关仪表和部件的动作设定值，应根据设计文件规定进行整定。联锁点多、程序复杂的系统，可分项和分段进行试验后，再进行整体检查试验。程序控制系统的试验应按程序设计的步骤逐步检查试验，其条件判定、逻辑关系、动作时间和输出状态等均应符合设计文件规定。

（8）在进行系统功能试验时，可采用已试验整定合格的仪表和检测报警开关的报警输出接点直接发出模拟条件信号。

（9）系统试验中应与相关的专业配合，共同确认程序运行和联锁保护条件及功能的正确性，并对试验过程中相关设备和装置的运行状态和安全防护采取必要措施。

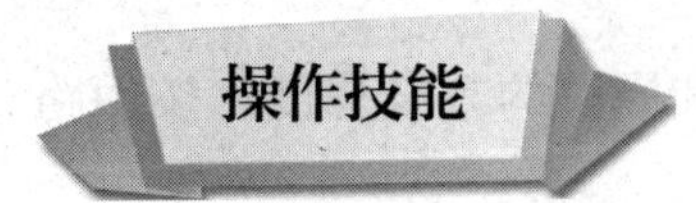

操作技能

远程控制系统调试

一、操作准备

1. 查看随机技术文件

阅读相关的技术文件，如制冷系统设计安装文件、各设备随机文件、控制系统操作说明书等。了解系统及工艺，明确生产需求，如系统组成、工艺控制要求、各设备的联动程序等。阅读控制系统选型及硬件组成、软件设计、功能等各个方面的技术文件，充分了解控制原理、设计图样、线路图等。

2. 检查设备、材料、辅助设施

远程控制系统的硬件主要由控制器［包含 CPU 模块、IO 模块（接口电路、通信端口、无线收发模块等）］、传感器、执行器、通信电（光）缆等构成。

（1）所有设备、材料的包装及密封应良好；型号、规格和数量与装箱单及设计文件的要求要一致，且无残损和短缺。

（2）铭牌、标志、附件、备件应齐全。

（3）产品的技术文件和质量证明书应齐全。

（4）对电缆电线和光缆，应进行外观检查和导通检查。

（5）对线槽、保护管、吊支架、屏蔽等应进行检查，确认其符合运行要求。

二、操作步骤

步骤 1　单体校准和试验

首先应对照设计文件要求及产品技术文件规定进行单体校准和试验。

（1）各设备绝缘与接地测试，用 500 V 兆欧表测量时不应小于 5 MΩ。

（2）各仪表校准时，仪表的示值应清晰可读、稳定并在测量范围内，其示值误差应符合仪表精度的规定。

（3）传感器校准和试验时应配合厂家提供的传感器数据进行模拟信号测试，或采用专用传感器校准仪进行校准，无条件时可到专业实验室或计量技术监督部门验核的机构进行。属于国家有关法律规定强制性检定范围的传感器，必须按时到计量技术监督部门验核的机构进行校准并获得证书才可以投入使用。

（4）应按运行要求与说明书技术文件进行安全设施、电磁阀、执行器等的校准和试验。

步骤 2　控制系统试验

按产品的技术文件和设计文件的规定进行综合控制系统的试验。

（1）测量盘柜和仪表装置绝缘电阻。

（2）测量接地系统接地电阻。

（3）测量、调整电源设备和电源插卡的输出电压。

（4）检查系统中全部设备和全部插卡的通电状态。

（5）调试和试验系统中的显示、记录、控制、报警等仪表设备功能。

（6）通过直接信号显示和软件诊断程序检查装置内的插卡、控制和通信设备、操作站、计算机及其外部设备等的状态；校准和试验输入、输出插卡。

（7）检查试验系统显示、处理、操作、控制、报警、诊断、通信、冗余、打印、拷贝等基本功能。

（8）检查控制方案、控制和联锁程序。

步骤 3　回路调试

回路的调试分为检测回路的调试和控制回路的调试。

（1）检测回路的调试

1）在检测回路的信号输入端输入模拟被测变量的标准信号，按要求调整回路显示仪表部分的显示误差。

2）在检测元件的输出端向回路输入电阻值或毫伏级模拟信号调试检测回路。若现场不具备模拟被测变量信号的回路，应在其可模拟输入信号的最前端输入信号进行回路试验。

（2）控制回路的调试

检查确认控制器和执行器的作用方向。通过控制器的输出向执行器发送控制信号，检查执行器执行机构及定位器的动作、方向和位置。检查和试验控制器上执行器的开度和起点、终点信号显示。

步骤 4　系统调试

系统调试应分为设备电气控制系统调试和中心网络系统调试两步。

（1）设备电气控制系统调试

1）对控制系统，可以先在控制室内以与就地线路相连的输入输出端为界进行回路试验，然后与就地仪表连接进行整个回路的试验。

2）根据设计文件规定的设定值调试各种检测报警开关、仪表的报警输出部件和接点。在报警回路的信号发生端模拟输入信号，检验报警灯光、警铃和屏幕显示以及报警的消声、复位和记录功能。

3）使用已试验合格的仪表在检测报警开关的报警输出接点直接发出模拟条件信号进行系统功能试验。

4）在系统供电后，就地控制器会显示一切就绪（all ready）或欢迎界面，在测试界面进行测试，显示系统工作正常后，可进行中心网络系统调试。

（2）中心网络系统调试

网络连接、驱动程序、应用程序等安装并正常运行后，将控制方式切换到远程控制，设置运行参数，通过试运行，结合生产、控制需求逐步逐级调试参数，以达到运行控制的目的。

步骤 5　记录和封印

（1）根据现场情况和回路的复杂程度，按位号和信号类型合理规划各个回路与系统调试，做好调试记录，要做到清晰、简洁，所有工作可追溯，从而为正常运行提供技术资料。

（2）有关的控制器件整定后应在调整器件上加封印，防止误动后信号紊乱，发生事故。操作系统应设立操作员、管理员、系统维护员等各级别权限，对于重置参数及超限停机参数等应设置口令，防止非法操作，保障运行安全。

三、注意事项

1. 不同的系统对应编程控制器选型、硬件配置及软件设计不同，调试步骤也不尽相同。

2. 试验用仪器仪表的计量检定必须按国家有关法律、法规规定进行，试验中使用的仪器仪表必须符合条件，例如精度要求，在检定有效期内，有法定证书。

3. 在采用远程控制或控制中心连接打印机时，需要参考控制操作说明书及打印机手册设置通信协议。

4. 注意连接电缆的要求标准、长度，通信接口形式，控制中心要求的打印机型号等。

5. 打印机应设置控制板开关，应设置必要的参数，如奇偶数校验、波特率、数据位等。

6. 更高级的通信协议应由专业技术人员建立。如果利用公共网络，应进行多方协调。

培训课程 2 制冷系统试运行

学习单元 1 制冷剂充注量确定

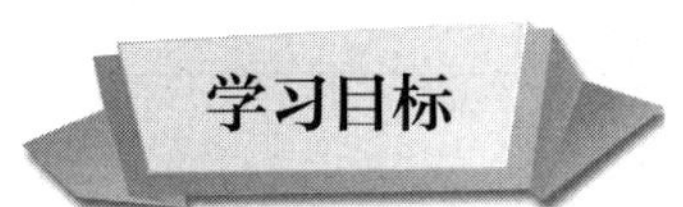

掌握制冷剂充注量的计算方法
了解制冷剂充注量的要求
能够确定设备制冷剂充注量

一、概述

制冷系统的充注量对制冷系统的工作效率和经济效益都具有至关重要的影响，充注量过多或过少都会对系统造成损害。

系统中制冷剂充注不足会使压缩机吸气压力过低，蒸发器蒸发量不足，蒸发器出口处的温度过高，结霜不满，制冷量减少。同时，使压缩机运转负荷增大导致压缩机过热，增大耗电量。制冷剂充注过量又会使蒸发温度升高，冷凝压力增大，压缩机轴功率增大同时引起频繁启停。同时，可能导致液态制冷剂回流，甚至可能损坏压缩机。因此，制冷剂充注量的多少直接决定了制冷系统是否能正常运转。每个制冷系统都对制冷剂的充注量有具体规定，小型系统对充注量要求更为严格。用到不同制冷剂的不同系统的充注量都不尽相同，所以，每个系统都需要考虑制冷剂充注的问题。那么，在充注制冷剂前，就需要根据制冷系统以及所用到的制冷剂来确定制冷剂的用量。通常情况下，根据机组的铭牌可以确定制冷剂的种类和充注量。但在实际操作时，由于受众多因素的影响，有的制冷系统需要定期或不定期补充制冷剂，此时一定要严格按照充注量的要求来进行充注制冷，否则不仅会影响系统的制冷效果以及经济效益，严重时还可能发生安全事故。

另外，从系统安全的角度出发，对充注量也是有要求的。一般充注量应按照设计文件要求的数量进行灌注。若无具体规定，则可按系统各设备的具体情况，按照文件推荐的数值进行估算，然后根据估算量进行充注。氨制冷系统各个设备的制冷剂充注量的容积百分比见表 1–1。

表 1–1　氨制冷系统各个设备的制冷剂充注量的容积百分比

设备名称	制冷剂充注量的容积百分比（%）	设备名称	制冷剂充注量的容积百分比（%）
冷凝器	15	立式低压循环器	35
液体管道	100	卧式低压循环器	25
高压贮液器	80	冷风机（下进上出）	60
气体管道	60	壳管式蒸发器	80
气液分离器	20	搁架式排管	50
中间冷却器	30 ~ 50	平板冻结器	50
顶排管（上进下出）	25	横管式墙管	70 ~ 90
顶排管（下进上出）	60	立管式蒸发器	80
立管式墙管	80	盘管式墙管	60
层流式墙管	6 ~ 12	两层及四层 U 形顶管	50
V 形顶管	33	排液桶	0
冷风机（上进下出）	50		

二、制冷剂充注量的计算方法

制冷剂充注量一般根据实验确定。有些可利用经验公式来计算，但经验公式通用性不强，准确程度较差。在产品开发中，制冷剂充注量的计算比较复杂，且要经过实验验证。由于制冷剂在制冷系统中的状态可以分为单相和多相两种，这两部分的制冷剂质量计算还要分别考虑。而在应用领域，制冷剂充注量一般利用经验公式来计算，同时统筹考虑安全与运行效果等方面的因素。

向制冷装置充注制冷剂可以采用测温度（观察温度）充注法、定量（测质量）充注法、测压力（观察压力）充注法、测工作电流充注法等。

1. 测温度充注法

制冷剂的充注量是否合适，通过观察蒸发器和冷凝器的状况而定。如空调装置，当制冷剂过多时，冷凝器大部分管道发烫，回气管道与压缩机气液分离器上凝露严重；当制冷剂过少时，蒸发器部分管道凝露，部分管道和部分翅片上无水析出。

制冷剂的饱和温度和实际蒸发器的出口温度之差称为“过热度”，通常可以通过过热度来判断制冷剂的充注量是否适宜。目前，热力膨胀阀过热度一般控制在 5 ~ 8 ℃，电子膨胀阀过热度可以控制在 2 ~ 3 ℃。过热度可以通过膨胀阀开启度进行调节，也与制冷剂充注量有着密切关系。如果系统制冷剂充注不足，会导致冷凝器压力降低，过冷度减少，同时导致供液量不足，使过热度增大。相反，如果制冷剂充注量过多，系统冷凝压力升高，蒸发器制冷量变大，则过热度将会减少。所以，通过过热度的值也可以判断制冷剂的充注量是否合适。

以热力膨胀阀为例，如图 1–3 所示。在热力膨胀阀调节之后，通过读取数字温度计 T_1 与压力表测得压力所对应的温度 T_2，T_1 与 T_2 的差值即为过热度。需要注意的是，T_1 与 T_2 必须同时读数。

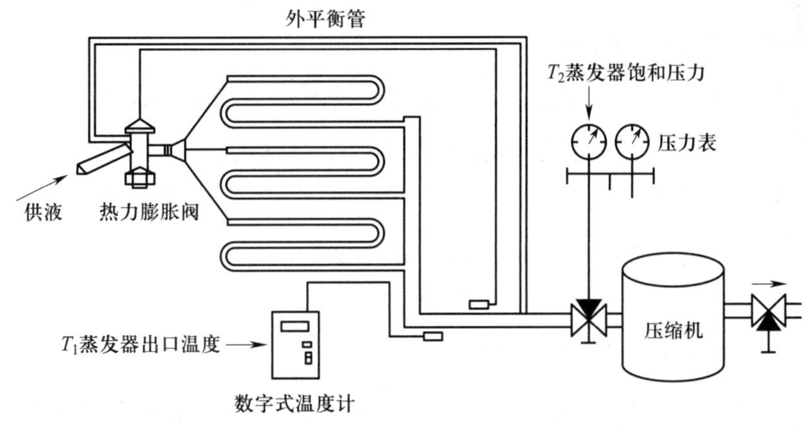

图 1–3　采用热力膨胀阀测量过热度

2. 定量充注法

定量充注法即测质量法。这种充注方法一般在小型设备中使用较多。在采用此方法进行充注时，需要使用台秤。将钢瓶放置在台秤上，在充注过程中时刻观察台秤的指示值。当台秤指示值降低到所需制冷剂质量时，即钢瓶内制冷剂的减少量等于所需要的充注量时完成充注。

3. 测压力充注法

制冷系统中制冷剂的多少直接决定了蒸发器的蒸发压力，因此可以通过观察制冷系统中的压力来判断制冷剂的充注量。一般可以通过测量制冷系统中蒸发压力同时结合蒸发器、冷凝器的工作状态来判断制冷系统中的制冷剂充注量是否合适。

制冷剂的蒸发压力可以通过压力表测得。那么，制冷剂的充注量是否合适便可以通过安装在制冷系统中的压力表进行判断。特定的系统充注制冷剂时可以查阅制冷剂饱和温度与饱和压力对应表，以确定其蒸发压力值和冷凝压力值。通过比对压力表测出的压力值（系统中压力表测得的值为表压力，此时需要将表压力换算为绝对压力）与蒸发压力以及冷凝压力值，就能得出系统中的制冷量是否适宜。若高、低压压力表表压值符合上述范围即表明制冷剂的充注量合适；若高、低压压力表表压值均低，则表明充注量不够；若高、低压压力表表压值均高，则表明充注量过多。测压力充注法较为简便，在维修时经常用到，缺点是精度不太高。

4. 测工作电流充注法

用钳形电流表测工作电流，制冷系统正常运行时，环境温度为 35 ℃，所测得的工作电流应与工况图所示电流相对应。环境温度越高，电流相应越大，环境温度越低，电流相应越小。

在正常情况下，制冷剂充注量取决于制冷系统管道容积的大小，压缩机排气量的大小、工况，蒸发器等设备的大小，冷凝管的长短及贮液器的大小等，应根据具体情况具体分析。

如氨制冷系统在充注液氨时，充注量可参考下式进行估算。

$$G=V\times d_t$$

式中 G——制冷剂的充注量，kg；

V——制冷剂充注容量，$V=\sum$（设备容积 × 容许充注的百分比）（对于氨系统，容许充注的百分比可参考表 1–1），m^3；

d_t——液氨密度，可按 610 kg/m^3（20 ℃）计算，必要时应根据环境温度、氨热力性质表等进行修正，确保安全。

液氨密度（体积质量）随温度（–50 ~ 50 ℃）的变化而变化，可参考下式计算。

$$d_t=\frac{1+0.428\,405\times\sqrt{133-t}+0.015\,938\times(133-t)}{4.283+0.813\,055\times\sqrt{133-t}-0.008\,286\times(133-t)}$$

式中 d_t——液氨在温度为 t 时的密度，kg/L；

t——温度，℃。

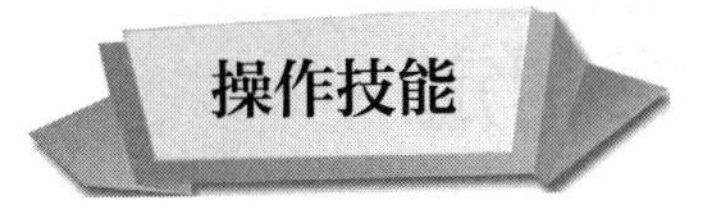

制冷剂充注量的确定

一、操作准备

在确定制冷剂充注量前，应熟悉各项技术文件，如压缩机随机技术文件，系统操作规程，工艺、工况说明书，制冷剂热力性质表，原始运行记录，制冷剂危害说明及防护措施等。

二、操作步骤

步骤 1　确认设备容积

确认各设备的容积及容许充注量，应查看其说明书及铭牌说明等。

步骤 2　确认设备现有制冷剂量

确认各设备液位，也可通过观察结霜情况、节流装置处制冷剂流动的声音、系统压力与温度等情况判断制冷剂量是否适宜。

步骤 3　计算

根据环境温度、制冷剂种类、系统要求、工况等情况计算需充注的制冷剂量，有时根据经验进行估算也很重要。对于比较小的制冷系统应严格控制充注量，应按随机技术文件要求进行充注制冷剂作业，充注时应掌握系统工况。

三、注意事项

1. 系统首次充注，应掌握各设备充注量要求。

2. 应注意系统故障造成的制冷剂不足假象，不能盲目充注制冷剂。例如：

（1）一台冷风机有数个风扇，其中一个风扇电动机烧毁或电动机反转都会表现为风扇倒转，此时，就会出现空气短路回流现象，从而造成蒸发器滞留大量液态制冷剂。

（2）同一盐水池或冰水池的多台搅拌器，其中一台损坏，也会造成蒸发器滞留大量液态制冷剂。

在确定充注制冷剂量前应先排除上述故障。

学习单元 2　试运行方案制定

熟悉制冷系统试运行程序
了解设备安装技术要求
能够编制试运行方案

一、设备安装技术要求

在实际工作中，制冷工往往会参与制冷系统的安装与改造事项，因此应掌握设备安装的基本步骤与方法。虽然不同的制冷系统涉及不同的制冷设备，它们的具体要求和注意事项各不相同，但是所有设备安装时都需要遵循国家统一制定的规范和要求。

1. 设备安装时需遵循的规范

在制冷系统设备安装时，必须严格遵循以下规范：《机械设备安装工程施工及验收通用规范》（GB 50231—2009）、《风机、压缩机、泵安装工程施工及验收规范》（GB 50275—2010）、《制冷设备、空气分离设备安装工程施工及验收规范》（GB 50274—2010）、《工业安装工程施工质量验收统一标准》（GB/T 50252—2018）等。

2. 设备安装步骤

（1）基础复查及验收

在安装设备前，需复查和验收设备的基础质量。

1）基础复查。在对设备进行复查时，设备的基础位置、尺寸、标高、观感等都必须符合现行国家标准《混凝土结构工程施工质量验收规范》（GB 50204—2015）的规定。例如，设备的坐标位置轴线允许偏差在 ±20 mm 以内，基础标高和基础中心线允许误差在 ±20 mm 以内，预留螺栓孔中心允许误差为 ±10 mm，深度允许误差为 ±20 mm，垂直度允许误差为 ±10 mm，对基础进行复查后需填写基础复查记录并报给相关负责的监理工程师。同时，设备基础外表面质量应符合无裂纹、空洞、掉角、露筋，锤子敲打应无破碎，基础表面及预埋螺栓预留孔内无油污、碎石、泥土、积水等，预埋地脚螺栓的螺纹与螺母应完好，垫铁放置位置应凿平等要求。

2）基础验收。基础验收需经过土建单位通过并提供验收证明，此验收证明需得到监理工程师的认可。

3）基础放线。按照设计好的图纸划定安装基准线，如果有多组设备，应共同划定安装基准线，共同安装基准线与单个基础的实际轴线允许误差 ±20 mm，如实际基础不能满足安装水平度要求，可以采用薄钢板填平误差。同时需设置必要的基准点、位置线、标高线等。

在基础验收过程中，如有不合格处应及时进行相应的处理。如基础平面过高可用凿子铲低，中心偏移过大可适当改变地脚螺栓孔的位置，一次灌浆螺栓过短可采用焊接接长的方法解决。

（2）施工准备

首先，需检验主厂房结构已达到强度要求，并且清理干净机房。确保进设备的通道和机房入口没有障碍物，同时保持通道顺畅及运输道路的夯实。如果安装过程中涉及吊装作业，则需提前写好吊装方案并报监理工程师批准。其次，待方案通过后，按吊装方案制作准备好吊装平台及托运底盘，同时准备好吊装需要用到的工具和机器，如起重机、手拉葫芦、钢丝绳索、千斤顶、垫木、滚杠、电焊机、氧气乙炔、水平仪，并且需提前勘查现场，将吊装点打好。最后，通知建设单位及设备监理最好进场准备和配合工作。

（3）设备开箱检查

在机组进场后，施工人员需同监理及建设单位一起进行开箱检查和清点。清点设备时需按设备装箱单和设备清单逐一核对名称、规格、数量，同时对照技术文件及标准规范对设备、随机技术文件、质量检查合格证书、原产地证明、专用工具、备品备件等对设备进行清点、登记、检查。同时检查机组外观，查看机组上各个部位是否有损坏或者变形、各盲板有无裂缝及变形，重点检查机组上的阀件、仪表及较小的管路是否有裂缝、变形及损坏，检查机组的实际尺寸与产品说明书图中的尺寸是否相符，特别要留意机组进出口是否封好。

（4）设备吊运就位

制冷设备就位的一般要求是：压缩机和压缩机组的纵向和横向安装水平偏差均不应大于 1/1 000，并应在曲轴的外露部位、底座或与底座平行的加工面上测量。卧式设备的安装水平偏差和立式设备的铅垂度偏差均不宜大于 1/1 000。

（5）精度检测与调整

精度检测与调整是设备安装的关键工作之一，直接影响安装质量。

精度检测是检测设备、零部件之间的相对位置误差，如垂直度、平行度、同轴度误差。精度调整是根据规范或设备随机技术文件规定的设备安装技术要求和精度检测的结果，调整设备自身和相互的位置状态。

（6）设备固定

为保证设备正常运转，不发生位移与倾覆，必须将设备牢固地固定在设备基础之上。

1）设备与基础主要靠地脚螺栓连接。在安装中应注意规范要求，如地脚螺栓应按规格配套使用，做好防腐工作；胀锚地脚螺栓的基础混凝土强度应大于 10 MPa，有裂纹的位置不能使用胀锚地脚螺栓。

2）要重视垫铁的放置与调整作业。设备的水平度与标高的调整要依靠调整垫铁来实现，设备的重量要通过垫铁均匀地传递到基础，设备的稳定性要靠垫铁加强，设备的振动要靠垫铁来缓冲。

3）设备地脚安装后的灌浆材料，应注意材料的选择与强度要求。要按设计要求选择材料，一般灌浆材料强度应比基础强度高一级。灌浆时应捣实且不能影响安装精度。

（7）拆卸、清洗与装配

解体或需清洗的设备，应进行拆卸、清洗与装配。拆卸、清洗与装配的要求比较严格，作业人员应具有较高的专业技术水平，工作认真仔细。拆卸、清洗与装配的一般步骤如下。

1）认真了解设备结构、装配图、配合精度、技术说明书、装配方法，准备材料与工器具。

2）拆卸并检查、记录零部件外观与配合精度情况。

3）清洗零部件。

4）先进行主机装配，再进行辅助设备装配。

（8）润滑与设备加油

润滑与加油是设备正常运转的必要条件，油路应洁净，过滤器要定期清洗或更换；润滑油（剂）要质量可靠、符合技术要求；油位要适当，不是越多越好。

（9）调整与试运转

调整与试运转是综合检验设备质量及安装质量的重要环节。调整与试运转时要统一组织、统一指挥、齐心协力，边运转边调整，逐步达到正常运转工况。

（10）设备安装工程验收

在试运转合格后应进行设备安装工程验收，履行一系列手续后交由使用单位及有关人员管理。

3. 设备装配的一般要求

设备装配的程序、工艺、方法等是装配质量与进度的制约因素，进而影响设备正常运转，因此应熟悉设备装配要求。设备装配的一般要求表现在程序方面与工艺方面。

（1）程序要求

1）熟悉设备装配图、技术说明、设备结构。

2）准备光照充足、整洁安全的场地。

3）准备材料与工具、器具。

4）确定装配方法。

5）检查记录零部件外观与配合精度情况。

6）清洗零部件，涂抹润滑油（脂），注意按技术要求有禁油或其他禁止性规定（如对清洗方法或工具的禁止性规定）的情况。

7）做好安全工作。

8）装配应由小到大、由简单到复杂、由零件到部件、由部件到总装配。

（2）工艺要求

1）待装配零件必须符合设计和产品标准，有出厂产品合格证明。

2）装配前必须对零件、部件的主要配合尺寸，特别是过盈配合件的轴台尺寸、内孔倒角及配合尺寸进行复检，确认符合技术要求。

3）对零件的油污、锈斑及其他残留不洁物应清洗干净，必要时用干燥压缩空气吹净并擦干，特别是零件上的孔道要清洁畅通。

4）对润滑管路应进行酸洗、中和、清洗、干燥清洁。

5）凡自制件，如纸垫、塑料垫、橡胶垫、石棉橡胶板垫、毛毡垫及薄钢垫、薄铜垫等均应按图样制作。

6）各种密封毡圈、毡垫、石棉绳、皮碗等密封件装配前必须浸透油；钢纸垫用热水泡软；纯铜垫做退火处理，加热温度为 600 ~ 650 ℃并在水中冷却。

7）对螺纹连接处的密封，采用聚四氟乙烯生料带做填料时，其缠绕层数不得多于两层，采用平面用各种密封胶密封时，其零件接合面间隙不得大于 0.2 mm，涂胶层不宜太厚，应均匀且薄为好。

8）装配后，密封处不得有渗漏现象。

4. 安装的其他要求

（1）其他工种配合

在安装过程中会涉及吊装、焊接、电气、自动化、设备、管道、容器、防腐、绝热等专项安装作业。作业中，应遵循各相关规范与标准，并注意各安全事项。一般新建、改建等施工现场交叉作业多，所以应注意临时用电、施工机械等方面的安全，做好人员防护，加强已完成工程的保护等工作。必要时应制定各项应急预案。

制冷工应在实践中加强学习，多熟悉相关专业知识，加强各项技能训练，努力提高自身综合素质。

（2）特种设备

制冷安装往往涉及特种设备（压力容器、压力管道等），施工中应遵守《特种设备安全监察条例》等法律、法规的规定。

我国施行特种设备制造、安装、改造许可证制度。特种设备安装、改造、维修单位需具备一定的条件，经国务院特种设备安全监督管理部门的许可，取得资格，才能进行相应的生产活动。压力容器的安装单位必须经省级安全监察机构批准，取得相应级别安装资质。

特种设备开工施行开工许可制度。特种设备安装、改造、维修的施工单位应当在施工前，将拟进行的特种设备安装、改造、维修的情况书面告知直辖市或设区的市级特种设备安全监察管理部门，告知后才能施工。

特种设备的安装、改造、维修告知包括申请、受理、审批等程序，详情可咨询当地特种设备安全监察管理部门。

特种设备安装、改造、维修单位应填写《特种设备安装、改造、维修告知书》，并提供以下要件。

1）压力容器施工一般需要提供：压力容器安装施工方案，压力容器安装许可证原件、现场作业焊工及质检员证件原件，压力容器安装平面图、管路图、容器出厂资料（应包括出厂合格证、制造监督检验报告、设备竣工图等），省外安装单位还应提供《省外施工企业备案证书》。

2）压力管道施工一般需要提供：压力管道安装施工方案，压力管道安装许可证原件、现场作业焊工及质检员证件原件，压力管道安装质量监督检验申报书，主要零部件合格证，省外安装单位还应提供《省外特种设备生产单位施工作业许可验证备案表》。

符合受理要求的，特种设备安全监察管理部门会在《特种设备安装、改造、维修告知书》上加盖特种设备安装、改造、维修告知书专用章，允许开工；对资料不全或不符合法定要求的，特种设备安全监察管理部门将不予受理，退还资料，并出具《不予受理通知书》。

二、制冷系统试运行

1. 试运行方案

制冷系统在正式投产运行前，必须先进行试运行来判断设备的质量和运转性能。制冷设备运转应配合整个生产系统的运转来进行安排，每个生产系统的运转要求都不相同，但是在进行机组试运行方案编制时，都必须包括以下方面。

（1）方案编制的依据

1）整个试运行都必须遵循方案所采用的标准进行操作和验收。如《风机、压缩机、泵安装工程施工及验收规范》（GB 50275—2010）、《制冷设备、空气分离设备安装工程施工及验收规范》（GB 50274—2010）等。

2）设备随机的技术资料，包括设备的安装手册、使用说明书、设计与施工资料、合同文件等。

3）试运行的目的。根据试运行的范围、规范要求以及实际生产的需求，结合设计、施工、维修文件，从整个系统的运行质量、经济、安全、环保等方面综合考虑，确定试运行的目标和需要达到的条件。

（2）试运行条件

1）试运行范围内的施工脚手架已全部拆除并且已清理干净，周围环境整洁且道路畅通，施工现场配有足够的消防器材。卫生设施必须投运，运行参数及引用标准符合有关要求。

2）设备及附属装置管路、支架等均应全部施工完毕，其中设备的管路系统和几何精度经检验合格。

3）润滑、冷却水、载冷剂、电气（仪表）控制装置等附属装置均应按系统检验完毕，并符合试运转要求。

4）基础混凝土及二次浇灌层达到设计强度。

5）需要的能源、介质、材料、工机具、检测仪器、安全防护设施及用具等，均应符合试运转要求。

6）建立试运行组织，确保分工明确、责任清楚。

7）对大型、复杂和精密设备，应编制试运行方案或试运行操作规程并经有关技术部门批准。

8）参加试运行的人员，应经培训考试合格，熟悉试运行方案，熟悉设备的构造、性能以及设备技术文件，并应掌握操作规程及运行操作技能。

9）各记录表格齐全。

10）划定并隔离试运行区域，设备及周围环境应清扫干净，撤离无关人员；设备附近不得进行有粉尘或噪声较大的作业。

（3）试运行前准备

1）资料文件

①设备、配件及原材料合格证书或复检报告。

②施工记录及检验合格证书。

③隐蔽工程记录。

④阀门试验合格记录。

⑤附有单线图的管道安装记录，管道、管件、管道附件、垫片、吊支架等的合格证书与材质证明书，施焊接头位置、焊工代号、无损探伤及热处理合格记录。

⑥系统耐压及严密性试验记录。

⑦系统清洗与化学处理、吹扫及靶片检验记录。

⑧循环水系统的脱脂、钝化及处理记录。

⑨润滑系统清洗合格资料。

⑩规定开盖检查的机器的检验合格资料。

⑪热交换器严密性试验合格资料。

⑫安全阀及压力表等监视测量设施调校、检验合格资料。

⑬电气及其仪表调校合格资料等。

2）电气系统

①设备内部与外部接线正确无误，保护单独接地并有明显标志；电气设备绝缘电阻符合随机技术文件要求；输入与输出电源参数符合随机技术文件要求；过电压、过电流、欠电压保护和熔断器的规格、容量等符合规定，已调整、整定至规定值；电动机旋转方向与运行要求相符合。

②操作控制系统独立模拟试验符合规定。

③数控系统试验符合要求。

3）设备动作试验

①设备动作试验应正确、灵敏、可靠、无异常，启动、旋转方向、速度调整、停机、紧急停机等试验已完成。

②各操控机构的位置、显示、信号和仪器仪表指示均应正确、灵敏、可靠。

③数控保护、输入、动作及显示、检索可靠、灵活。

④设备的安全、保护、防护装置的功能试验已符合随机技术文件的规定。

（4）操作、巡视与记录

1）在试运行中应谨慎操作、加强巡视，认真检查、测试并做好记录。

2）各部门、各岗位应加强沟通，严禁违章操作；大功率设备不得频繁启动，启动时间间隔应符合有关规范规定或随机技术文件的规定；开启与关闭阀门应缓慢。

3）各运动部件运行平稳，无不正常声响，无渗漏。

4）各处温度、温升符合规定，无过热。

5）仪表及显示正常、灵敏、可靠，与实际相符。

6）运行程序符合要求，偏差在允许范围内。

（5）试运行后的工作

1）切断电源及其他动力源。

2）排除设备余压。

3）清洗各类过滤器，检查或更换冷冻机油。

4）拆除临时装置和恢复临时拆卸装置。

5）清理现场。

6）整理各项试运行记录。

7）填写试运行合格证书。

8）办理交接或进行考核。

（6）安全技术措施

1）认真贯彻执行《中华人民共和国安全生产法》《中华人民共和国消防法》《建设工程安全生产管理条例》，严格遵守施工区域管理的有关规定。

2）对全体参加施工人员进行安全措施、防火措施、技术交底，做到每个人树立“安全促进生产，生产必须安全”的思想。参加施工人员必须认真阅读并严格执行施工方案，严格遵守施工安全及消防安全的要求。

3）设备接送电应由专业电工进行操作，并且应挂牌明示。

4）夜间试运行必须有足够的照明通道。

2. 制冷设备维修后的试运行

对于制冷设备中的压缩机在经过大型修理后再进行试车，也称为试运行作业。压缩机的试运行可以鉴定设备经过修理重新装配组装后的质量以及运转性能，从而进一步为正常运行做好准备。试运行一般包括空车试运行、空气负荷试运行、带制冷剂负荷试运行三个阶段。空车试运行主要用于鉴定设备的各运动零部件是否配合良好，滑油系统是否正常工作，卸载装置是否精确、灵活。空气负荷试运行是用于鉴定维修装配质量和气密性在压缩机有负荷的情况下是否能良好运转。通过这些试运转能尽早发现设备可能存在的问题并及时解决，从而为压缩机投入负荷试运转创造良好的条件。带制冷剂负荷试运行是压缩机在投入正式工作前最后一个阶段的测试，无论是刚经过修理后的压缩机还是新安装好的压缩机都需要进行此步骤。

（1）试运行条件

1）气缸盖，吸、排气阀组及曲轴箱盖等应拆下检查，其内部的清洁及固定情况应良好，气缸内壁面应加少量冷冻机油，再装配完好。

2）盘动压缩机数圈，各运动部件应转动灵活，无过紧及卡阻现象。

3）加入的冷冻机油的规格及油面高度，应符合设备技术文件的规定。

4）冷却水系统供水应畅通。

5）安全阀应经校验、整定，其动作应灵敏、可靠。

6）压力、温度、压差等继电器的整定值应符合设备技术文件的规定。

7）开启式压缩机应先点动检查电动机，确定其转向正确。

（2）空车试运行

1）拆下气缸盖和吸、排气阀组并固定气缸套。

2）注意轴封处与油泵处应加适量润滑油。

3）启动压缩机运转 10 min，停车后检查各部位的润滑和温升情况，应无异常。

4）连续运转 1 h，运转应平稳，无异常声响和剧烈振动。

5）主轴承外侧面和轴封外侧面温度应符合技术文件要求。

6）油泵供油应正常。

7）停车后，检查气缸内壁面应无异常磨损。

（3）空气负荷试运行

1）在吸、排气阀组安装固定后，调整活塞的止点间隙，应符合设备随机技术文件的规定。

2）压缩机的吸气口加装空气滤清器。

3）启动压缩机，当吸取压力为大气压力时，其排气压力对于有水冷却的应为 0.3 MPa（绝对压力），对于无水冷却的应为 0.2 MPa（绝对压力），试运行时间不得少于 1 h，且为连续运行。

4）油压调节阀应动作灵活，调节油压宜比吸气压力高 0.15 ~ 0.3 MPa。

5）能量调节装置操作灵活、正确。

6）压缩机各部位的允许温升应符合：主轴承外侧面、轴封外侧面有水冷却的≤ 40 ℃，无水冷却的≤ 60 ℃。冷冻机油有水冷却的≤ 40 ℃，无水冷却的≤ 50 ℃。气缸套的冷却水进水温度≤ 35 ℃，出水温度≤ 45 ℃。

7）压缩机运转应平稳，无异常声响和振动。

8）吸、排气阀的阀片跳动声响应正常。

9）各连接部位、轴封、填料、气缸盖和阀件应无漏气、漏油、漏水现象。

10）空气负荷试运行后，应拆洗空气滤清器和油过滤器，并更换冷冻机油。

（4）负荷试运行

1）负荷试运行前对压缩机应进行抽真空试验。在试验时，应关闭吸、排气截止阀，并开启放气通孔，开动压缩机进行抽真空；曲轴箱压力应迅速抽至 0.015 MPa（绝对压力），油压不应低于 0.1 MPa（绝对压力）。

2）在系统充注制冷剂后进行负荷试运行。负荷试运行除应符合空气负荷试运行的要求外，应符合下列要求。

①对使用卤代烃制冷剂的压缩机，启动前应按设备随机技术文件的要求加热曲轴箱中的冷冻机油。

②试运行中冷冻机油的油温，对开启式机组不应大于 70 ℃，对半封闭机组不应大于 80 ℃。

③使用不同制冷剂的不同压缩机的排气温度不尽相同，但都不能超过它们的最高排气温度。如 R717 最高排气温度为 150 ℃，R134a 最高排气温度为 86 ℃，R410A 最高排气温度为 75.3 ℃，R32 系统的排气温度为 86.4 ℃。

④开启式压缩机轴封处的渗油量不应大于 0.5 mL/h。

⑤试运行时间不少于 24 h。

⑥停止试运行时应按设备技术文件规定的顺序停止压缩机的运转。

⑦在压缩机停机后，按规程关闭水泵、风机等设备以及系统中相应的阀门，并应放空积水。

有关试运行的更多要求可遵照现行国家标准《制冷设备、空气分离设备安装工程施工及验收规范》（GB 50274—2010）等规范、标准执行。

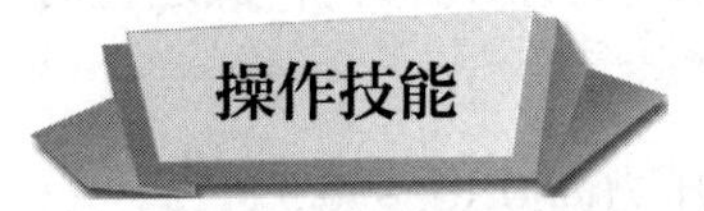

制定制冷系统试运行方案

一、操作准备

1. 确定试运行的范围

依据试运行的范围，将试运行时所涉及的设备、系统、区域进行划定，并做好相关隔离工作，在试运行范围区域设立安全防护设施以及标志。对参与试运行的工作人员进行培训，安排好各自的工作职责，并做好相关准备。

2. 整理相关资料

整理出试运行范围内所涉及的所有设备的有关资料，比如设备性能报告、随机技术文件、设备安装维修过程中的记录和报告，与系统相关的行业标准、国家规范，以及程序性文件模板等。对于特定的一些系统，需要提前了解其特殊要求和特点。同时，可以通过查阅过往运行记录和事故案例来了解试运行系统的特点。

3. 其他准备

掌握方案的修改程序、编制分工、时间要求等。

二、操作步骤

步骤 1　确定目标

根据规范要求和制造厂的建议，设计、施工、维修文件，以及制造厂或供货商代表的指导意见提出试运行要达到的目标，可以从系统运行质量、安全、环保、经济等方面提出要求。

步骤 2　拟定试运行方案

在掌握一系列资料文件、做好试运行准备工作及确定试运行目标后可以初步拟定试运行方案。方案的内容应简明扼要，主要包括试运行范围，依据和原则，目标与采用标准，组织指挥系统；试运行程序与操作要求，包括各程序与各阶段（如准备工作与缺陷消除工作）作业的具体要求，试运行资源配置，环境保护设施投运安排；安全与职业健康要求，试运行预计技术难点及拟采取应对的措施等。

步骤 3　形成报告

在例行审批程序后形成有效的试运行方案。

在不同情况下试运行方案的审批人是不同的，在安装工程施工中，试运行方案一般需要报监理、建设单位审批。

三、注意事项

1. 技术难点及应对措施

在试运行方案中应对技术难点进行分析，提出应对措施，做到有备无患。特别应对试运行作业提出专家指导、技术交底、指挥与操作、安全、环保、应急等方面的具体要求。

2. 编制分工

在维修过程中，试运行方案报技术或设备管理部门批准并遵守本单位的组织结构模式。

在安装工程施工中，单体试运行一般由施工单位负责，所以由施工单位负责编制试运行方案，在编制完成后，由施工单位报建设单位审批。

由于牵涉人力与物力的投入，负荷试运行由建设单位组建统一的领导指挥体系，编制试运行方案，明确各方责任，及时提供资源，选用和组织试运行操作人员。施工单位负责操作监护，处理试运行过程中出现的技术问题并进行技术指导。应注意的是，通风空调系统施工的负荷试运行由施工单位负责并编制试运行方案。

学习单元 3　制冷系统调试

学习目标

掌握制冷系统调试要求

能够对制冷系统进行调试

一、概述

当制冷系统完成试运行能够正常运转后，就可以对系统进行调试工作，制冷系统的调试即调整与测试系统的运行参数。调试最主要的目的是测试系统各参数是否能达到系统所要求的范围，满足制冷系统的工作和生产工艺。同时，还可以进一步确认制冷系统内外部的运行环境是否符合要求和标准，确保制冷系统能发挥最大的效能。

二、制冷系统调试

1. 调试前准备工作

系统调试是一项综合性非常强的工作，需要做好以下准备工作。

（1）建立组织指挥系统，明确各项工作要求，确定分工，做到各单位、各相关部门、各专业人员及各工种能密切配合、协同工作。

（2）制定系统调试方案，并且通过审核和批准。

（3）保证调试范围内环境干净整洁，通风良好。

（4）保证调试所用仪器仪表的测量精度符合实际测试要求，性能稳定且在检定有效期内。

（5）确保各个施工安装项目已经全面检查且符合设计和质量验收规范的要求，具备运转调试条件。

（6）确保各设备及控制系统已经检查并进行了单机试运行，操作可靠、符合要求。

2. 调试内容

在运行调试中一般需要检查、调试、记录的项目有以下内容。

（1）曲轴箱或油分离器的油面高度和各部位供油情况。

（2）冷冻机油的压力和温度。

（3）吸、排气压力和温度。

（4）进、排水温度和冷却水供给情况。

（5）用冷环境或载冷剂的温度。

（6）贮液器、中间冷却器等附属设备的液位。

（7）各运动部件有无异常声响，各连接和密封部位有无松动、漏气、漏油、漏水等现象。

（8）电动机的电流、电压和温升。

（9）能量调节装置的动作应灵敏，浮球阀及其他液位计的工作应稳定。

（10）电气控制系统、安全保护系统的器件动作应灵敏、准确。

（11）设备的噪声和振动情况。

3. 检查调试

影响制冷系统运行的重要参数有：压缩机的吸气压力和排气压力、蒸发温度和蒸发压力，以及冷凝温度和冷凝压力等，这些参数都不是固定不变的，而是在制冷系统运行时随着外界条件的改变而变化的，比如环境温度、冷却水温、热负荷等因素都会使这些参数发生改变。因此，调试系统时必须结合外界条件、整个系统的设计文件、合同条件、随机技术文件、工艺要求、相关标准规范、环境安全要求等众多因素将各运行参数调整在合理范围内。

（1）电气系统

1）输入与输出电源参数应符合随机技术文件要求。

2）电气系统过电压、过电流、欠电压保护和熔断器规格、容量等都必须符合规定，所以需在调试时将其调整及整定至规定值。

（2）设备动作

1）设备应进行启动、旋转方向、速度调整、停机、紧急停机等动作试验，试验过程中动作需正确、灵敏、可靠、无异常。

2）各操控机构的位置、显示、信号和仪器仪表指示均应正确、灵敏、可靠。

3）数控保护、输入、动作及显示、记录、检索、打印等可靠、灵活。

4）设备的安全、保护、防护装置的功能试验应符合随机技术文件的规定。

（3）润滑系统

1）在额定工作压力下，管路接口等处无渗漏。

2）调整油压差，一般油压宜比吸气压力高 0.15 ~ 0.3 MPa。

3）油压过高、过低信号及正常油压显示应正确、灵敏、可靠，油温显示、高温和低温信号应正确、灵敏、可靠。

4）油位降低至最低油位线时报警装置能及时报警。

（4）热交换系统

1）热交换系统调试应达到要求，应进行水量与风量调整。

2）在系统工作压力下，管路应无渗漏且与其他管路不发生互相渗漏。

3）在额定负荷与工作压力下，连续运行 30 min 以上，热交换平衡时，进出口介质的温度应稳定在要求范围内。

4）在额定负荷下，系统应启停、运行操控 5 次以上，动作正确无误，温度、压力、流量调节及显示均应正确、灵敏、可靠。

（5）热力膨胀阀或节流装置（蒸发温度及压力调整）

以热力膨胀阀为例，其他节流装置同理。

1）为减小热力膨胀阀调节后的压力及温度损失，热力膨胀阀应尽可能安装在蒸发器入口处的水平管道上，感温包应包扎在回气管（低压管）的侧面中央位置。热力膨胀阀在正常工作时，阀体入口侧不应结霜，否则应视为入口滤网存在冰堵或脏堵。正常情况下，热力膨胀阀工作时无较明显的响声，如果发出较明显的“咝咝”声，说明系统中制冷剂不足。当出现感温系统漏气、调节失灵等故障时应更换热力膨胀阀。

2）如果不能确定阀门的实际开启度，可先关闭热力膨胀阀，然后再开启。首先进行粗调，每次调整时可旋转一圈左右，当制冷系统运行接近其运行工况时，再进行细调，每次调整可旋转 1/4 圈左右。

3）调节热力膨胀阀必须仔细耐心，调节压力经过蒸发器与用冷环境产生热交换沸腾（蒸发）后再通过管路进入压缩机吸气腔反应到压力表上，有一个时间过程。每调动热力膨胀阀一次，一般需 15 ~ 30 min 的时间才能将热力膨胀阀的调节压力稳定在吸气压力表上。压缩机的吸气压力是热力膨胀阀调节压力的重要参考参数。热力膨胀阀的开启度小，制冷剂通过的流量就少，压力也低；热力膨胀阀的开启度大，制冷剂通过的流量就多，压力也高。根据制冷剂的热力性质，压力越低，相对应的温度就越低；压力越高，相对应的温度也就越高。按照这一定律，如果热力膨胀阀出口压力过低，相应的蒸发压力和温度也过低，同时，由于进入蒸发器的制冷剂流量减少，压力降低，造成蒸发速度减慢，单位容积（时间）制冷量下降，制冷效率降低。相反，如果热力膨胀阀出口压力过高，相应的蒸发压力和温度也过高，进入蒸发器的制冷剂流量和压力都加大。由于液体蒸发过剩，过潮气体（甚至液体）被压缩机吸入，引起压缩机的湿冲程（液击），使压缩机不能正常工作，造成一系列恶劣工况，甚至损坏压缩机。由此看来，正确调整热力膨胀阀对系统的运行尤为重要。所以每调整一次，系统应运行数分钟至数十分钟，观察吸气压力的变化以确定下一次的调整量。调整是否合适，可以根据下列情况判断。

①在正常情况下，应结霜至制冷压缩机吸气截止阀。

②如果结霜至制冷压缩机上，说明供液量过大，热力膨胀阀应调小开启度。

③如果结霜只到蒸发器出口，说明供液量过小，热力膨胀阀应调大开启度。

（6）温度控制调整

1）根据工艺需求或货物种类确定最低使用温度，按此温度调整温度控制器，当库温或载冷剂温度等用冷环境达到此温度时，制冷系统停止制冷（对于手动系统，手动进行系统停止制冷作业）。

2）根据库温或载冷剂温度等用冷环境温度允许波动的范围及精度要求，调整温度控制器的上下限，当用冷环境温度回升到调定值时，制冷系统重新开始制冷。

3）温度控制器的控制精度应符合用冷环境要求，必要时应进行校正。

（7）除霜系统

根据储存条件、货物、外部温湿度条件及季节设定除霜温度、除霜时间、除霜周期。观察化霜效果，并逐步调整到最佳效果。对于有多个化霜模式的控制器来说，可以根据节能、温度、货物等情况选择不同的模式运行，直至效果、效能最佳。

（8）保护系统调试

根据测定的各设备正常运行的电流，调整过载继电器；调整各安全、报警装置的整定值，使之符合随机技术文件及正常运行的规定。

（9）气调冷库调试

气调冷库是通过气体调节的方法以达到对货品保鲜的目的，因此气调冷库中气体的含量是尤为重要的。应定时测定气体含量，绘制气体含量值随时间变化的曲线。对于自动控制气调系统，气体含量及气体含量值随时间变化的曲线输入、显示、检索都应可靠、灵敏。

通过对气体自动调节控制装置进行试验，将系统调整至所需最佳状态。

（10）组合冷库调试

目前，组合冷库应用广泛，组合冷库的空库降温应符合下列要求。

1）地坪表层为混凝土的大、中型组合冷库空库降温时，宜先将库温缓慢降至 1 ~ 3 ℃（高温库、气调冷库可直接降至设计温度），并应保持 24 h，当地坪与库板接合处、地坪表面等处无异常变化后，才可将库温降至设计温度。

2）地坪表层为非混凝土的小型组合冷库空库降温时，可将库温直接降至设计温度。

3）库温降至设计温度后，检查库体外表面，应无结露、结霜等现象。

4）组合冷库空库降温试验的方法可按下列要求进行。

①库体周围无各种人为热源。

②关闭库门，熄灭库内照明灯，用电加热器预热；当库内温度达到 32 ℃并稳定 1 h 后方可进行测试。

③应保持库内温度为（32 ± 1）℃，测定 1 h 内加热器的输入热量，并保持这个输入热量。

④在测试时间内，输入热量的波动值不应大于 1%。

⑤启动制冷机对冷库进行降温，同时记录降温起始时间。

⑥空库降温开始后，记录库内初始温度，每隔 10 min 记录一次库温。

⑦测试过程中环境温度发生变化时，向库内输入热量应每隔 30 min 修正一次。

⑧当库温达到设计温度时，记录降温结束时间，并计算降温时间。

⑨绘制库温随时间变化的降温试验曲线。

（11）安防、消防系统的调试

风幕机的动作、门禁、库内设施、人员安全、通信、通风换气与消防等系统都应有调试过程，以适应正常运行。生物疫苗及危险品等的储存环境应更注重安防（包括个人防护）系统调试。

（12）噪声试验

测定制冷机房内外、凉水塔或蒸发冷风机、庭院（特别是噪声敏感区域）及与机房相连接的风口、风亭处的噪声值，应符合现行国家标准《声环境质量标准》（GB 3096—2008）的要求。

尽管设备噪声主要与设备制造因素有关，但运行中噪声超标准的应有降噪措施。

（13）其他

应用于通风空调系统的制冷系统调试还应按现行国家标准《建筑给水排水及采暖工程施工质量验收规范》（GB 50242—2002）、《通风与空调工程施工质量验收规范》（GB 50243—2016）等的要求进行调整试验。

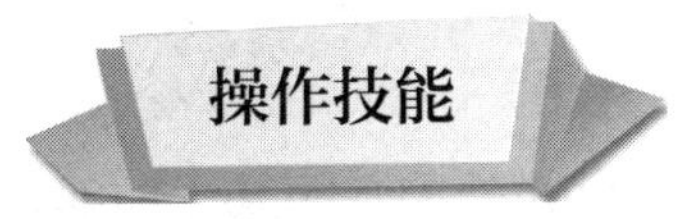

制冷系统调试

一、操作准备

1. 方案报批

根据系统调试分工，编制系统调试方案。方案内容应包括组织分工、调试目的、调试范围、调试前的检查与准备事项、调试条件、试验步骤、调试步骤、调试结果记录与分析、调整与验收标准、安全与环保事项等。系统调试方案应按程序进行审查批准。

2. 准备技术资料

主要技术资料有设计文件、合同文件、施工资料、随机技术文件、工艺要求、相关标准规范、环境及安全要求、各种记录表格等。

3. 整理现场

应清理现场，达到环境整洁、通风照明良好、操作位置适宜等要求。

4. 准备仪器仪表

测试用仪器仪表的测量精度应符合实际测试要求，性能稳定，灵敏可靠，在检定有效期内。

二、操作步骤

步骤 1　按随机技术文件及操作规程运行系统

（1）掌握安全事项。

（2）检查各个准备事项完成情况是否符合运行条件。

（3）按规程运行系统。

步骤 2　全面观察

观察系统运行状况。

（1）曲轴箱或油分离器的油面高度和各部位供油情况。

（2）冷冻机油的压力和温度。

（3）吸、排气压力和温度。

（4）进、排水温度和冷却水供给情况。

（5）库温或载冷剂的温度。

（6）贮液器、中间冷却器等辅助设备的液位。

（7）各运动部件有无异常声响，各连接和密封部位有无松动、漏气、漏油、漏水等现象。

（8）电动机的电流、电压和温升。

（9）能量调节装置的动作应灵敏，浮球阀及其他液位计的工作应稳定。

（10）电气控制系统、安全保护系统的器件动作应灵敏、准确。

（11）各运转设备的噪声和振动情况。

步骤 3　降温与调整

（1）系统运行正常后，按降温幅度与要求进行降温。

（2）降温的同时调整蒸发温度、冷却水量。

（3）调整温度与融霜控制系统，使之符合工艺要求。

（4）调整保护等控制系统。

（5）必要时校正压力表、温度计、传感器。

步骤 4　记录并分析

（1）记录调试过程中的各参数。

（2）分析调试过程中的各数据，综合评价系统工作状态的优劣。

（3）分析调试过程中记录的各数据，综合评价配套系统运行状态的优劣。

（4）提出运行综合建议，以期提高整个系统的运行可靠性及节能降耗、环保性能。

三、注意事项

调试中的系统毕竟还未进入完全正常的运行状态，在调试过程中不可避免地会出现异常问题，因此，应制定有针对性的措施应对。特别是对比较危险的状态或疑难技术性问题更应加强应对，在调试方案中应有所体现。出现问题要统筹协调、认真查找原因、通力合作解决问题。

职业模块 2 处理故障

培训课程 1　处理制冷压缩机故障

学习单元 1　制冷压缩机过热故障排除

学习单元 2　电动机过热故障排除

学习单元 3　能量调节装置失灵故障排除

培训课程 2　处理辅助设备故障

学习单元 1　节流装置故障排除

学习单元 2　排气压力、中间压力、吸气压力异常故障排除

培训课程 1 处理制冷压缩机故障

学习单元 1　制冷压缩机过热故障排除

熟悉制冷压缩机过热的原因

能够进行制冷压缩机过热故障排除

一、制冷压缩机过热的主要原因

制冷压缩机正常运转时的发热量不应该引起过热。正常的电机发热、压缩热以及摩擦热在设计压缩机时均做过认真考虑，并有相应的冷却措施。然而在实际使用中，由于超范围使用、电源不正常、电机过载、制冷剂泄漏、冷凝压力太高等问题引起的电机高温、排气温度过高、润滑油焦煳等过热现象比较常见，并已成为压缩机常见故障之一。气缸排气温度是判断压缩机是否过热的重要指标之一。由于测量上的困难，实际应用中是通过测量排气管表面的温度（即排气管温度）来判断是否过热的。由于润滑油到 150 ℃时会变得很稀薄，在 175 ℃左右将开始分解变质，因此气缸排气温度应该控制在 150 ℃以内，而排气管温度通常比排气温度低 10 ~ 40 ℃。如果排气管温度超过 135 ℃，一般认为压缩机已经处于严重过热状态；如果排气管温度低于 120 ℃，则判断压缩机温度正常。空调压缩机比冰箱压缩机的排气温度通常还要低一些。

压缩机过热的根源在制冷系统，通常表现为压缩机排气温度过高和曲轴箱油温过高。

压缩机排气温度过高的原因主要有以下几个方面。

（1）由于冷凝器温度升高，相应的冷凝压力升高，引起排气温度过高。

（2）吸入气体的过热度过大。

（3）排气阀片泄漏。

（4）气缸垫击穿，高低压气腔间串气。

（5）系统中有较多的空气，使冷凝压力升高，排气压力也升高。

（6）由于蒸发温度降低，相应的蒸发压力降低，使压缩比增大，引起排气温度升高。

曲轴箱油温过高的原因主要有以下几个方面。

（1）压缩机摩擦部位间隙过小，出现半干摩擦。

（2）冷冻油质量低劣，润滑不良。

（3）压缩机排气温度过高，压缩比过大。

（4）机房室温太高，散热不良。

（5）油分离器与曲轴箱串气。

（6）压缩机吸气过热度太大。

二、制冷压缩机过热故障的排除方法

前面分析了压缩机过热的原因主要表现为压缩机排气温度过高和曲轴箱油温过高，也分别分析了对应压缩机排气温度过高和曲轴箱油温过高的具体原因。具体的排除方法如下。

1. 压缩机排气温度过高故障的主要排除方法

（1）采取有关措施，如提高冷凝器的散热效果，降低排气压力。

（2）调节膨胀阀的开启度，减少过热度。

（3）研磨阀线，更换阀片。

（4）更换缸垫。

（5）按排放空气操作排除系统中的空气。

（6）调整蒸发温度，使其在规定范围内。

2. 曲轴箱油温过高故障的主要排除方法

（1）调整压缩机摩擦部位的间隙。

（2）更换冷冻机油。

（3）调整工况，降低压缩机排气温度。

（4）加强机房通风、降温。

（5）检查、修复自动回油阀。

（6）调整工况，降低压缩机吸气过热度。

操作技能 1

压缩机零件更换

压缩机有很多种类型，更换压缩机零件（如阀片、缸垫）前应先了解压缩机的结构、性能和工作原理。

一、更换需求判断

1. 气缸垫故障排除

拆卸气缸盖，检查垫片是否损坏。如损坏，将密封面清洗干净，更换垫片。

2. 阀片故障排除

拆卸排气阀组件及气缸套，检查阀片是否完好，是否有效工作。如损坏，更换阀片。

二、操作准备

1. 工器具及材料

吊栓、梅花扳手、套筒扳手、活扳手、锯、钳、锤、铜棒、旋具、棉丝、照明器具、通风机、防护用品、专用工具、容器、清洗剂、冷冻机油、油盘、油石等。

2. 随机技术文件

由于不同压缩机结构不同，维修时应认真阅读随机技术文件。

三、操作步骤

步骤 1　排出制冷剂

关闭压缩机的吸气阀和吸入控制阀，然后启动压缩机，将压缩机内的制冷剂排到冷凝器中。制冷剂回收机的吸气连接管接在制冷装置的维修阀上，冷凝器的进气三通阀接制冷剂回收罐气阀，制冷剂回收机的出液管接制冷剂回收罐液阀，连接好之后启动制冷剂回收机，制冷剂回收机利用压缩机的吸气能力将制冷装置的制冷剂抽吸到压缩机，并经过压缩排到冷凝器中，经过冷凝过滤排到制冷剂回收罐内，制冷剂回收罐中气体通过气阀排到冷凝器进气三通阀冷凝。制冷剂回收罐装有压力表，监测制冷剂回收情况，当系统压力为 0 MPa 时，说明制冷剂已经全部回收。

步骤 2　更换气缸盖密封垫片

拧下气缸盖的短螺栓、螺母，均匀拧松两只长螺栓、螺母。轻轻撬动缸盖，用一字旋具起下粘贴在气缸盖上的密封垫片，更换。

步骤 3　更换排气阀阀片

排气阀组取下后，用梅花扳手卡住穿芯螺母，按逆时针方向在地板上摔几下，将穿芯螺母松脱卸下，按顺时针拧动气阀弹簧，向外轻拉取下。更换阀片。

步骤 4　逆拆卸顺序安装

按步骤 3、步骤 2、步骤 1 的顺序安装压缩机。

四、注意事项

1. 选择合理拆卸和安装步骤，拆卸顺序应与安装顺序相反。

2. 尽量采用专用的或选用合适的工具和设备，避免乱敲乱打，防止零件损伤或变形。

3. 拆卸和安装时要注意零件的配合情况。

4. 要求耐心、细致，彻底清除密封表面的旧密封胶、积炭及腐蚀生成物，并用压缩空气吹干净。

压缩机摩擦部位间隙调整

为了使压缩机不产生影响强度和使用性能的缺陷，对压缩机摩擦部位的间隙有一定的要求，如前后主轴承座孔的同轴度在 100 mm 长度内，允许误差一般不大于 0.01 mm；气缸套座孔的轴线与主轴承座孔轴线垂直度，在 100 mm 内允许误差一般不大于 0.02 mm；转子（活塞）排气端面与排气板组装后的间隙一般在 0.05 ~ 0.08 mm。如果压缩机摩擦部位间隙不满足要求，必须进行调整。

一、压缩机摩擦部位间隙测量

1. 轴承间隙测量

将上下两平面平行（不平行度小于 0.01 mm）并且每隔 120° 开有测量槽的支承座置于平板上（平板精度在 1 级以上），轴承窄面向上放在支承座上，在轴承内环上放置重块。在压重块的作用下，轴承内外环滚道与滚珠之间的间隙被消除，内外环端面便产生了错位，错位尺寸用杠杆百分表测出。如果错位超出间隙允许误差，则需要进行调整。

2. 排气端间隙测量

排气端轴颈长度可以用块规或内径百分量表测出，将内孔与端面垂直度不大于 0.01 mm 的套固定在轴上即可。排气板轴承孔的深度要将轴套压入后一并测出，测量时采用深度千分尺或深度游标卡尺测出数据并计算获得。

二、操作准备

1. 工器具及材料

合适的旋具、钳子、扳手、锤子、空心冲等钳工工具、机械加工机床等。

2. 随机技术文件

由于不同压缩机结构不同，维修时应认真阅读随机技术文件。根据结构进行调整。

三、操作步骤

步骤 1　测量间隙

根据压缩机的形式和结构，采用适当的测量技术，获得压缩机摩擦部位间隙尺寸。

步骤 2　调整间隙

根据结构和使用情况，确定压缩机摩擦部位间隙允许误差，与步骤 1 测量的轴承错位尺寸相减，确定轴承内环调整垫可以磨削的厚度。

步骤 3　调整排气端间隙

通过改变排气间隙调整垫的厚度，就可以得到所需的排气端间隙。

四、注意事项

1. 轴承内外环调整垫的厚度绝对不能大于轴承外环调整垫的厚度与允许误差之和，否则将会使轴承转动不灵活甚至压死轴承而使轴承损坏。

2. 不同的压缩机的允许误差不一样，排气间隙调整垫的厚度也不一样，在检修时一定注意不要混淆。

3. 如果更换轴承，则必须重新确定轴承内外环调整垫的厚度和排气间隙调整垫的厚度。

4. 检修时间过程，冷冻油切断，可以采用抽空、冲入氮气后密封或注入足量的冷冻油等办法，防止轴承锈蚀。

学习单元 2　电动机过热故障排除

掌握电动机过热的主要原因

能够进行电动机过热故障排除

一、电动机过热的主要原因

制冷机用的电动机有单相及三相两类。小型家用制冷机均采用单相交流电动机。大、中型制冷机配备的是三相交流电动机。电动机在运行中依靠输给一定的电流和规定的电压来保证压缩机运行所需要的功率。一般主电动机要求的额定供电电压为 380 V、三相、50 Hz，供电的平均相电压不稳定率小于 2%。在实际运行中，主电动机的运行电流在输出参数不变的情况下，随能量调节中的制冷量大小而增加或减少。通过安装在机组开关柜上的电流表读数可以反映出两种不同工况下的差别：凡运行电流值大的，主电动机负荷就重，反之负荷就轻。通过制冷机的运行电流和电压参数的记录，可以得出主电动机在各种情况下消耗功率的大小。电流值是一个随电动机负荷变化而变化的重要参数。制冷机运行时应注意经常与总配电室的电流表做比较，同时应注意指针的摆动。在正常情况下，因三相电源的相不平衡或电压变化，会使电流表指针做周期性或不规则的大幅度摆动。在压缩机负荷变化时，也会引起这种现象，运行中必须注意加强监视，保持电流、电压值的正常状态。电动机过热主要表现为与负荷不匹配、电动机或电源方面有问题。

电动机过热的原因，主要有以下方面。

1. 流量超过额定值。
2. 排气压力过高。
3. 冷水回水温度过高。
4. 温度保护器件故障。
5. 制冷剂充注量不足。
6. 冷凝器气体入口阀关闭。
7. 工作环境恶劣。
8. 电压过高或过低。
9. 电源断相。
10. 电动机启动频繁。
11. 轴承润滑不良或卡件。
12. 散热系统发生故障。
13. 传动装置卡件。
14. 外部接线错误。

二、电动机过热故障的排除方法

电流值是反映主电动机运行状态的重要参数，电流过大，电动机温升过高。机组在运行中，电流指针有小的摆动是正常的，如电流指针大幅度地摆动，就需要马上查出原因：电源三相是否不平衡或电压变化；压缩机是否吸入液体制冷剂，可能发生了喘振；电动机绝缘反常时，电流指针也会大幅度摆动。

电动机过热故障的主要排除方法。

1. 关小阀门，使电动机保持在额定负荷状态下运行。
2. 检查排气压力和确定排气压力过高原因，排除。
3. 检查冷水回水温度过高的原因，排除。
4. 排除或更换温度保护器件。
5. 补充制冷剂充注量到规定量。
6. 打开冷凝器液体出口阀。
7. 改善电动机的散热冷却条件。
8. 检查电压与机组额定值是否一致，必要时更正相位不平衡。更换较大截面积的导线或缩短电动机与电源的距离，保持电源电压变动在 –5% ~ 10% 的范围内运行。

9. 更换电动机的熔断器。

10. 正确选用过热保护，更换室外机电容。

11. 检查绕组相间或匝间是否短路，检查定子绕组是否接地。

12. 添加润滑油。

13. 清洗散热系统。

14. 检查外部接线，重接。

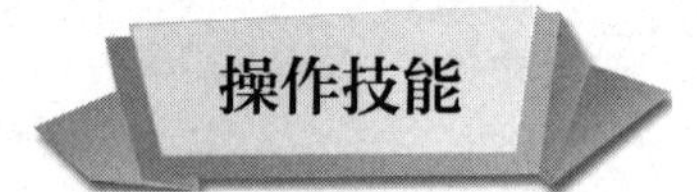

电动机及运转电容检测

压缩机或风扇的电动机通单相电无法产生旋转磁场，不能获得启动转矩，在解决如何获得启动转矩的问题上，人们采用了多种方法。检测前需了解各种电动机启动方式的接线图、特性和应用。

一、故障检修

1. 检测电动机温升

电动机一般为封闭型，以防止潮气。电动机自身的热量靠电动机外壳散发出去。绕组使用 A 级绝缘材料的工作温度为 105 ℃，所以电动机的外壳温度只要手能快速触摸，其温升就属于正常。当手无法触摸时，其温升可能已经达到极限或者超过极限，需要检查原因。

2. 检测电容的电容值

如果电动机的转速减慢或不转动，检查其他方面是否有问题，应用万用表的电容测量挡测量室外机或室内机的电容值是否为零或明显减小。也可用电阻挡，如果测得电阻值为零，说明电容已经击穿，如果电阻值为某一固定值说明电容已经失效。

二、操作准备

1. 工器具及材料

万用表、各类螺钉旋具等。

2. 随机技术文件

由于不同类型的电动机启动方式不同，维修时应认真阅读随机技术文件。

三、操作步骤

1. 电动机检测步骤

步骤 1　绕组通断检测

将数字万用表置于 R×2 k 挡，两个表笔分别接绕组两个接线端子，显示屏数值就是该绕组阻值。若阻值为∞，说明绕组已开路；若阻值过小，说明绕组短路。

步骤 2　绕组是否漏电检测

将数字万用表置于 200 MΩ 挡或指针万用表置于 R×10 k 挡，一个表笔接电动机的绕组引出线，另一个表笔接在电动机的机壳上，正常时阻值应该为∞，否则说明绕组已经漏电。

2. 运转电容检测步骤

步骤 1　电容放电

用旋具的金属部位短接电容的引脚，为电容放电。

步骤 2　测量电容

用万用表的 200 μF（以 2 μF/450 V 电容为例）电容挡进行测量。

四、注意事项

1. 选择合适的万用表挡位。
2. 拆卸和安装时要注意零件的配合情况。

学习单元 3　能量调节装置失灵故障排除

掌握能量调节的方式和工作原理

能够查出能量调节阀失灵的主要原因

掌握能量调节阀失灵故障的排除方法

一、能量调节的方式和工作原理

1. 能量调节方式

制冷系统中设置能量调节装置的目的有二。一是，制冷机运行时受使用条件变化及工况变化的影响，需要的制冷量随之变化，压缩机配有调节装置能适应上述变化。二是，采用毛细管作为节流元件的制冷机，停机时高压侧和低压侧的压力自动平衡，压缩机再次启动时不必克服排气压力和吸气压力之差，而在采用膨胀阀作为节流元件的制冷机中，停机时高压侧和低压侧的压力并不自动平衡，此时应设卸载装置，使压缩机在启动过程中能把输气量调到零或尽量小的数值，以便使电动机能在最小的负荷状态下启动。

常用的能量调节方式有：压缩机间歇运行、吸气节流、全顶开吸气阀片、旁通调节、变速调节、关闭吸气通道的调节以及滑阀调节。

（1）压缩机间歇运行

压缩机间歇运行能量调节方法广泛应用在小型制冷装置中。该方法通过温度控制器或低压压力控制器双位自动控制压缩机的停车或运行，适应用冷环境制冷负荷和冷却温度变化的要求。当用冷环境温度或与之对应的蒸发压力达到下限值时，压缩机停止运行，直到温度或与之对应的蒸发压力回升到上限值时，压缩机重新启动。

（2）吸气节流

吸气节流能量调节方法在大中型制冷设备中有所应用。该方法通过改变压缩机吸气截止阀的通道面积来实现能量调节。当通道面积减小时，吸入蒸气的流动阻力增加，蒸气节流，吸气腔压力降低，蒸气比容增大，压缩机的质量流量减小，达到能量调节的目的。但这种方法经济性差，在国内鲜有使用。

（3）全顶开吸气阀片

全顶开吸气阀片能量调节方法在我国四缸以上、缸径 70 mm 以上的系统中被广泛应用。采用专门的调节机构将压缩机的吸气阀阀片强制顶离阀座，使吸气阀在压缩机工作全过程中始终处于开启状态，这样气缸中的压力建立不起来，排气阀始终打不开，被吸入的气体没有得到压缩就经过开启着的吸气阀，重新排回到吸气腔中去，使有效进行工作的气缸数量减少，达到改变压缩机制冷量的目的。这种调节方法可以在压缩机不停机的情况下进行，实现 0 ~ 100% 负荷之间的分段调节，而且经济性高。

（4）旁通调节

旁通调节能量调节方法是将吸、排气腔连通，压缩机排气直接返回吸气腔，实现输气量调节。一些采用簧片阀或其他气阀结构的压缩机不便用顶开吸气阀片来调节输气量，有时可采用压缩机排气旁通的办法来调节输气量。

（5）变速调节

改变电动机的转速从而使压缩机转速变化来调节输气量是一种比较理想的方法，汽车空调用压缩机和双速压缩机即采用这种方法。双速压缩机的电动机分 2 级或 4 级运转，以达到转速减半的目的。但这种电动机结构复杂、成本高，推广受到了限制。以变频器驱动的变速小型全封闭制冷压缩机的电动机转速通过改变输入电动机的电源频率而改变，可以连续无级调节输气量，调节范围宽广，节能高效，从而获得较大的推广。

（6）关闭吸气通道的调节

通过关闭吸气通道的方法使吸气腔处于真空状态，气缸不能吸入气体，当然也没有气体排出，从而可达到气缸卸载调节的目的。这种方法没有气体的流动损失，因此比全顶开吸气阀片的方法效率高，但必须保证吸气通道关闭严密，一旦泄漏，将会造成气缸在高压比下运行，会使压缩机过热，这是十分危险的。

（7）滑阀调节

滑阀调节被广泛应用在螺杆式制冷压缩机的能量调节中，通过滑阀的移动使压缩机凸凹螺杆齿间容积，在齿面接触线从吸气端向排气端移动的前一段时间内，仍与吸气口连通，并使部分气体回流到吸气腔，即滑阀减少了螺杆的有效工作长度，以达到调节输气量的目的。

2. 能量调节机构

大中型多缸活塞式制冷压缩机中普遍采用全顶开吸气阀片调节机构，用压力油控制拉杆的移动来实现能量调节，如图 2–1 所示。油缸拉杆机构由油缸 1、油活塞 2、弹簧 3、油管 4、拉杆 5 等组成。该机构动作可以使气缸外的动环旋转，将吸气阀阀片顶起或关闭。油泵不向油管 4 供油时，因弹簧 3 的作用，油活塞 2 及拉杆 5 处于右端位置，阀片被顶起，气缸处于卸载状态。若油泵向油缸 1 供油，在油压力的作用下，油活塞 2 和拉杆 5 被推向左方，同时拉杆上凸缘 6 使转动环 7 转动，顶杆相应落至转动环上的斜槽底，吸气阀阀片关闭，气缸处于正常工作状态。该机构既能起到调节能量的作用，也具有卸载启动的作用。停车时油泵不供油，吸气阀阀片被顶开，压缩机空载启动，油泵正常工作，油压逐渐上升，当油压力超过弹簧 3 的弹簧力时，有活塞动作，使吸气阀阀片下落，压缩机进入正常运行状态。

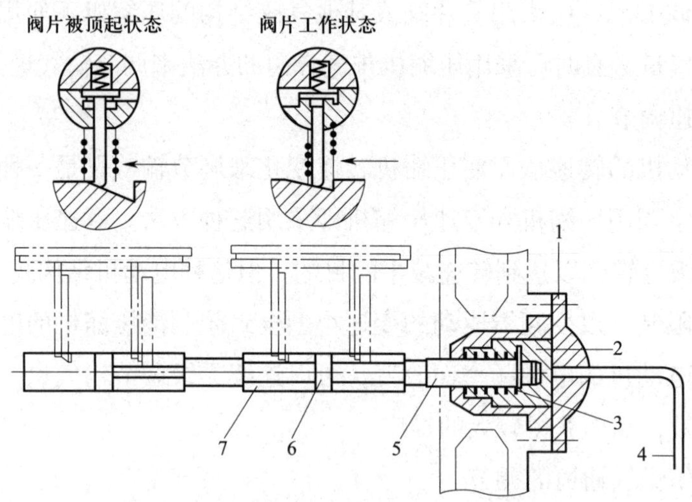

图 2–1 油缸拉杆机构工作原理

1—油缸 2—油活塞 3—弹簧 4—油管 5—拉杆 6—凸缘 7—转动环

转动环的转动对吸气阀片的影响如图 2–2 所示。转动环 9 处于图 2–2a 所示位置时，顶杆 6 处于转动环上斜面的最低点，吸气阀片 4 可自由启闭，压缩机正常工作。当转动环 9 在拉杆推动下处于图 2–2b 所示位置时，顶杆 6 位于斜面的顶部，吸气阀片 4 被顶开，压缩机卸载。能量调节机构中压力油的供给和切断由电磁阀来控制。

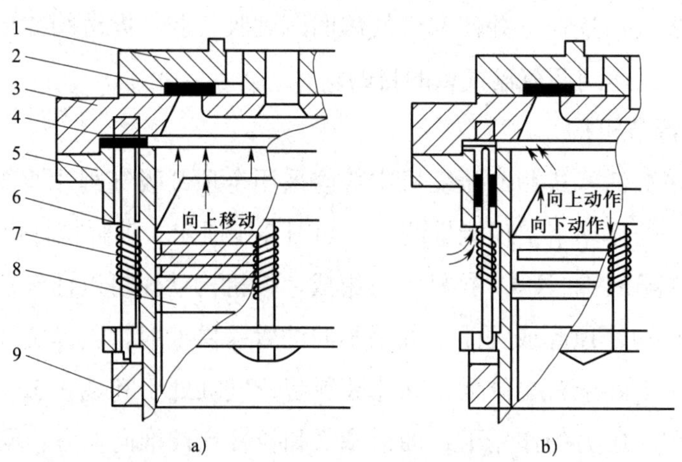

图 2–2 顶杆启阀机构工作原理

a）正常工作状态 b）吸气阀片顶开状态

1—阀盖 2—排气阀片 3—排气阀座 4—吸气阀片 5—气缸套

6—顶杆 7—弹簧 8—活塞 9—转动环

电磁阀控制的能量调节装置是利用不同的低压压力继电器操作电磁阀来控制卸载油缸的供油油路通断的。如图 2–3 所示，油泵供应的压力油经节流调节装置后分别接通卸载油缸 1 和电磁阀 3。电磁阀 3 关闭，压力油进入卸载油缸 1，使油活塞左移，带动气缸套上的转动环转动，气阀顶杆下降，吸气阀片投入正常工作。若电磁阀 3 开启，油路与回路相通后阻力很小，压力油必经此通路回到曲轴箱，卸载油缸 1 中的油活塞在弹簧力的作用下处于右端位置，这组气阀处于卸载状态。

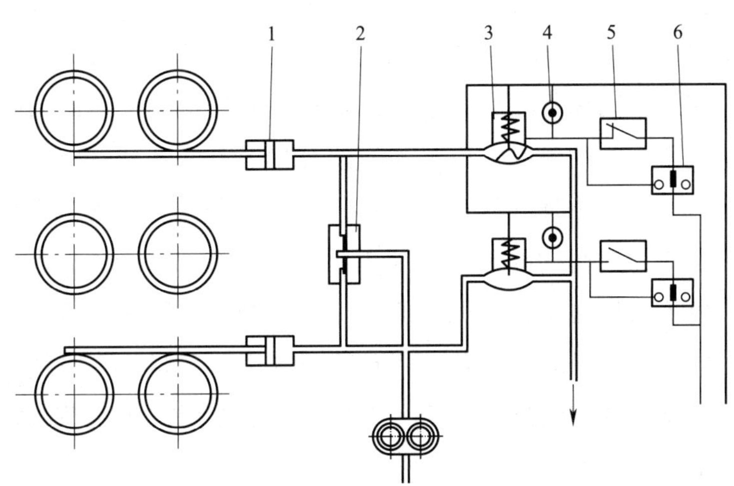

图 2–3　电磁阀控制的能量调节装置

1—卸载油缸　2—油压节流孔　3—电磁阀　4—指示灯　5—自动开关　6—自动、手动转换开关

油压直接顶开吸气阀片调节机构由卸载机构和能量控制阀组成，两者间用油管连接。卸载机构是一套液压传动机构，受能量控制阀的控制，及时顶开或落下吸气阀片，达到能量调节的目的。这种机构能卸载启动，结构比较简单，但是由于环形油缸安装在气缸套外壁上，对加工精度要求较高，所有的 O 形密封圈长期与制冷剂和润滑油直接接触，容易老化或变形，以致造成漏油而使调节失灵。

压力油的供给和切断是通过自动能量控制阀来实现的。如图 2–4 所示，自动能量控制阀由上半部分的油压分配机构和下半部分的信号接收器组成。压缩机气缸为调节缸，能量控制阀外壳的法兰上有管接头。其中一个管接头通过外接油管与压缩机油泵出口相连，其他管接头与压缩机气缸的卸载机构压力油缸接通。能量控制阀外壳的内腔通过其顶部的压力平衡管接头与曲轴箱相通，使内腔压力等于吸气压力。下部的信号接收器由波纹管 1、调节弹簧 2 及调节螺钉 4 等零件组成。波纹管内部和大气相通，承受大气压力和调节弹簧的弹力。

调节弹簧弹力的大小由调节螺钉调节。波纹管外部空间与曲轴箱连通，承受吸气压力。波纹管内外侧作用的力大小不等时便产生变形，变形位移量由顶杆 13 传递给杠杆 12，使杠杆转角变化。连接在杠杆上的球阀 11 压向或离开变节流孔，使孔腔中的压力成比例变化，引起配油滑阀移动，接通或关闭配油孔，使调节油缸卸载机构的油压接通或释放。压缩机启动前，润滑油泵不工作，油压和曲轴箱压力相等，滑阀在弹簧作用下推至左右位置，所有通往卸载机构的高压油路都被截断，吸气阀片全部处于被顶开状态，故压缩机启动时，带有卸载机构的各级气缸全部处于空载启动，此时压缩机处于 50% 能量运行。启动后，油泵投入工作，油压逐渐提高，若外界冷负荷较大，吸气压力上升，波纹管被压缩，带动顶杆左移，于是拉簧通过杠杆机构使球阀与变节流孔压紧，泄油口关小，配油滑阀右侧的油压便开始上升，达到一定值时，滑阀克服弹簧的弹力和限位钢珠的压紧力左移，从而使钢珠进入第二个槽中，压力油孔接通，通往卸载机构的第一路高压油路被接通，高压油进入卸载机构的液压缸内，由于液压缸中油压大于卸载弹簧的合力，使第一组气缸的吸气阀片落下投入工作，能量增加。若外界负荷仍高于制冷量，则吸气压力会继续升高，滑阀继续左移，钢珠落入第一个槽中，于是第二组调节缸加载，压缩机处于全负荷工作状态。

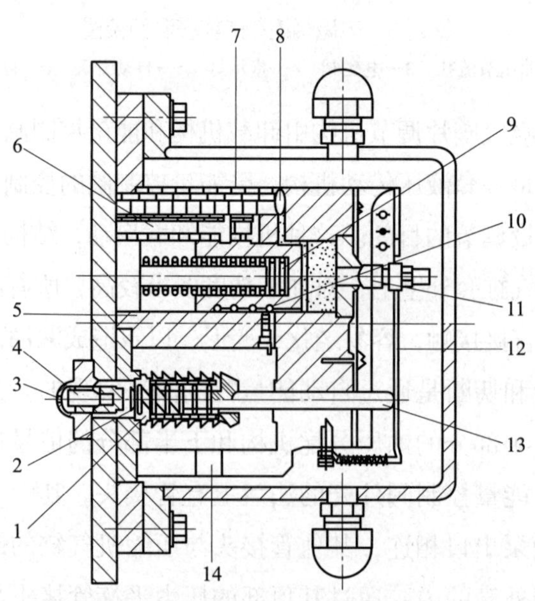

图 2–4　活塞式制冷压缩机自动能量控制阀

1—波纹管　2—调节弹簧　3—通大气孔　4—调节螺钉　5—限位钢珠　6—配油室　7—本体
8—恒节流孔　9—滑阀弹簧　10—能级弹簧　11—球阀　12—杠杆　13—顶杆　14—孔道

螺杆式制冷压缩机常采用滑阀调节。滑阀能量调节机构由三部分组成：第一部分包括滑阀、滑阀顶杆、油活塞、油缸、压缩弹簧及端座，第二部分是能量调节指示器，第三部分包括油路及能量调节控制阀。滑阀的调节是通过控制油活塞的运动来实现的，图 2–5 所示为使用电磁换向阀的能量调节控制图。电磁换向阀由两组电磁阀构成，每组的两个电磁阀（卸载电磁阀和上载电磁阀）通电时同时开启，断电时同时关闭。另一种滑阀调节方法使用两个电磁阀（卸载电磁阀和上载电磁阀），如图 2–6 所示，当压缩机卸载时，卸载电磁阀开启，上载电磁阀关闭，高压油进入油缸，推动油活塞，使滑阀移向开启位置，滑阀开口使压缩气体回到吸气端，从而减少压缩机的输气量。压缩机上载时，卸载电磁阀关闭，上载电磁阀开启，使油从油缸排向机体内吸气侧，滑阀在制冷剂高低压差的作用下，移向全负荷位置，此时，滑阀在加载时移动速度比卸载时快。

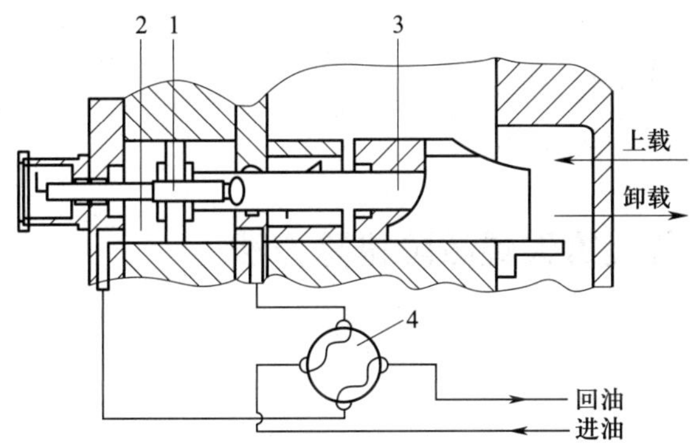

图 2–5　电磁换向阀能量调节的控制

1—油活塞　2—油缸　3—滑阀　4—电磁换向阀

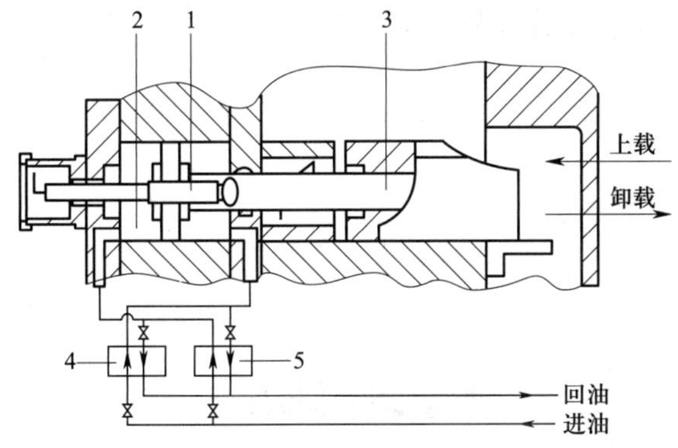

图 2–6　电磁阀能量调节的控制

1—油活塞　2—油缸　3—滑阀　4—上载电磁阀　5—卸载电磁阀

离心式压缩机组的能量调节取决于热负荷的大小。一般情况下，当制冷量改变时，要求保持从蒸发器流出的载冷剂温度为常数，而这时的冷凝温度是变化的。改变压缩机及热交换器参数可以对机组进行能量调节，为防止发生喘振，还必须有防喘振的措施。

二、能量调节装置失灵的主要原因

制冷系统中设置能量调节装置，一是应对受使用条件的变化以及工况变化的影响；二是避免制冷机高低压侧压差太大引起的启动困难，甚至启动不起来而烧毁启动装置甚至电机的事故。

能量调节装置失灵的原因，主要有以下几个方面。

1. 油压过低。
2. 油管堵塞。
3. 油活塞卡住。
4. 拉杆与转动环卡住。
5. 油分配阀安装不合适。
6. 能量调节电磁阀故障。

三、能量调节装置失灵故障排除方法

1. 调整油压。
2. 清洗油管。
3. 检查原因，重新装配。
4. 检查拉杆与转动环，重新装配。
5. 用通气法检查各工作位置是否适当。
6. 检修或更换。

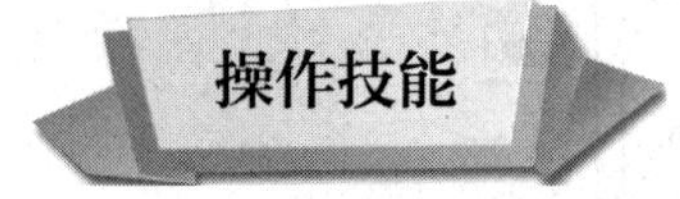

能量调节阀防卡

一、清洗法防卡

在新投运系统和大修后投运初期，管路中的焊渣、铁锈、渣子等在节流口、导向部位、下阀盖平衡孔内造成堵塞或卡住，使阀芯曲面、导向面产生拉伤和划痕、密封面上产生压痕等，必须卸开进行清洗，除掉渣物。

1. 清洗法防卡操作准备

工器具及材料：氮气瓶、压力阀、各类螺钉旋具等。

2. 清洗法防卡操作步骤

步骤 1　修复密封面

如密封面受到损伤应研磨。经研磨后，应进行抛光，并满足所需粗糙度和精度要求，满足阀芯与阀座的对中要求等，在总装后需进行密封性测试。

步骤 2　清除渣物

将底塞打开，以冲掉从平衡孔掉入下阀盖内的渣物，并对管路进行冲洗。

步骤 3　投运前调整

投运前，让调节阀全开，制冷剂流动一段时间后再纳入正常运行。

二、外接冲刷法防卡

采用含有易沉淀、固体颗粒工作介质的系统，其节流口和导向处经常堵塞，可在下阀盖底塞处外接冲刷气体和蒸气。

1. 外接冲刷法防卡操作准备

工器具及材料：氮气瓶、压力阀、各类螺钉旋具等。

2. 外接冲刷法防卡操作步骤

步骤 1　清除渣物

当阀产生堵塞或卡住时，打开外接的气体或蒸气阀门，即可在不动调节阀的情况下完成冲洗工作，使阀正常运行。

步骤 2　投运前调整

投运前，让调节阀全开，制冷剂流动一段时间后再纳入正常运行。

三、安装管道过滤器法防卡

对小口径的调节阀，其节流间隙特小，制冷剂中不能有任何渣物，最好在阀前管道上安装一个过滤器，以保证制冷剂顺利通过。

1. 安装管道过滤器法防卡操作准备

工器具及材料：氮气瓶、定位器、压力阀、过滤减压阀、各类螺钉旋具等。

2. 安装管道过滤器法防卡操作步骤

步骤 1　安装调节阀及定位器

步骤 2　安装过滤减压阀

带定位器使用的调节阀，如果定位器工作不正常，其气路节流口堵塞是最常见的故障。带定位器工作时，必须处理好气源，通常采用的办法是在定位器前气源管线上安装过滤减压阀。

步骤 3　连接气源

步骤 4　投运前调整

投运前，让调节阀全开，制冷剂流动一段时间后再正常运行。

四、增大节流间隙法防卡

主要用于处理制冷剂中的固体颗粒或管道中被冲刷掉的焊渣和锈物等因过不了节流口造成堵塞、卡住等故障。

1. 增大节流间隙法防卡操作准备

工器具及材料：氮气瓶、定位器、压力阀、过滤减压阀、各类螺钉旋具等。

2. 增大节流间隙法防卡操作步骤

步骤 1　增大阀芯间隙

增大阀芯上下球中间尺寸，使之呈粗状。

步骤 2　更换节流件

改用节流间隙大的节流件，如节流件形式为开窗、开口类的阀芯、套筒，使流体从套筒四周流入，对阀塞的侧向推力大大减小。

步骤 3　更换阀芯

如果是单、双座阀就可以将柱塞形阀芯改为 V 形口的阀芯，或改成套筒阀等。

步骤 4　投运前调整

投运前，让调节阀全开，制冷剂流动一段时间后再纳入正常运行。

五、氮气冲刷法防卡

利用氮气自身的冲刷能量，冲刷和带走易沉淀、易堵塞的东西，从而提高阀的防堵功能。

1. 氮气冲刷法防卡操作准备

工器具及材料：氮气瓶、流线型阀体、过滤减压阀、各类螺钉旋具等。

2. 氮气冲刷法防卡操作步骤

步骤 1　改作流闭型使用

步骤 2　采用流线型阀体

步骤 3　将节流口置于冲刷最严重处

采用此法要注意提高节流件材料的耐冲蚀能力。

步骤 4　调整执行器

重新调整执行器，并定期进行维护、校正。

步骤 5　投运前调整

投运前，让调节阀全开，制冷剂流动一段时间后再纳入正常运行。

培训课程 2 处理辅助设备故障

学习单元 1 节流装置故障排除

掌握节流装置的结构和工作原理
能够查出节流装置故障的原因
能够进行节流装置故障排除

一、节流装置的结构和工作原理

节流装置是制冷装置中的重要部件之一，在实现制冷剂降压膨胀过程的同时，还具有以下两个方面的作用：一是，将制冷机的高压部分和低压部分分隔开，防止高压蒸气串流到蒸发器中；二是，对蒸发器的供液量进行控制，使其保持适量的液体，换热面积全面发挥作用。常用的节流装置有手动节流阀、浮球节流阀、热力膨胀阀以及电子膨胀阀等。

1. 手动节流阀和浮球节流阀

（1）手动节流阀

手动节流是用手动方式调整阀孔的流通面积来改变向蒸发器的供液量的，多用于氨制冷系统。手动节流阀由阀体、阀芯、阀杆、填料压盖、手轮和螺栓等零件组成。阀芯为针形或具有 V 形缺口的锥体，阀杆采用细牙螺纹。当旋转手轮时，阀门开启度缓慢增大或减小，以保证良好的调节性能。

手动节流阀开启的大小需要操作人员频繁地调节，以适应负荷的变化。通常开启度为 1/8 ~ 1/4 圈，一般不超过一圈，开启度过大就起不到节流的作用。

（2）浮球节流阀

浮球调节阀除了起到节流作用外还可以用于保持容器内的液位稳定，因此多用于氨液分离器、中间冷却器、低压循环桶及具有自由液面的蒸发器等设备。

按照流通方式的不同，浮球调节阀可以分为直通式和非直通式两种。浮球调节阀有一个铸铁的外壳，用液体连接管及气体连接管，分别与被控制的蒸发器的液体和蒸气两部分相连接，因而浮球调节阀壳体内的液面与蒸发器内的液面一致。当蒸发器内的液面降低时，壳体内的液面也随之降低，浮子落下，针阀将节流孔关小，使供液量减少。而当液面升高到一定的高度时，节流孔被关死，即停止供液。在直通式浮球调节阀中，液体经节流后，先进入浮球阀的壳体内，再经液体连接管进入蒸发器中。在非直通式浮球调节阀中，节流后的液体不直接由浮球阀的壳体进入，而是由出液阀引出，并另用一根单独的管子送入蒸发器中。

直通式浮球调节阀结构比较简单，但壳体内液面波动较大，使调节阀的工作不太稳定，而且液体从壳体流入蒸发器，是依靠静液柱的高度差，因此液体只能供到容器的液面以下。非直通式浮球调节阀工作比较稳定，而且可以供液到蒸发器的任何部位，因此得到了广泛的应用。但是非直通式浮球调节阀的构造和安装都比直通式的复杂一些。

2. 热力膨胀阀

热力膨胀阀是温度调节式节流阀，又称热力调节阀，利用感温包感受蒸发器出口的过热度大小，从而自动调节阀芯的开启度来控制制冷剂流量，因此适用于没有自由液面的蒸发器，如干式蒸发器、蛇管式蒸发器和蛇管式中间冷却器等。

根据结构不同，热力膨胀阀可以分为内平衡式和外平衡式两种。

（1）内平衡式热力膨胀阀

内平衡式热力膨胀阀适用于小型蒸发器。内平衡式热力膨胀阀由感温包 9、毛细管 8、阀座 6、膜片 1、顶杆 2、阀针 5 及调节机构等构成，如图 2–7 所示。

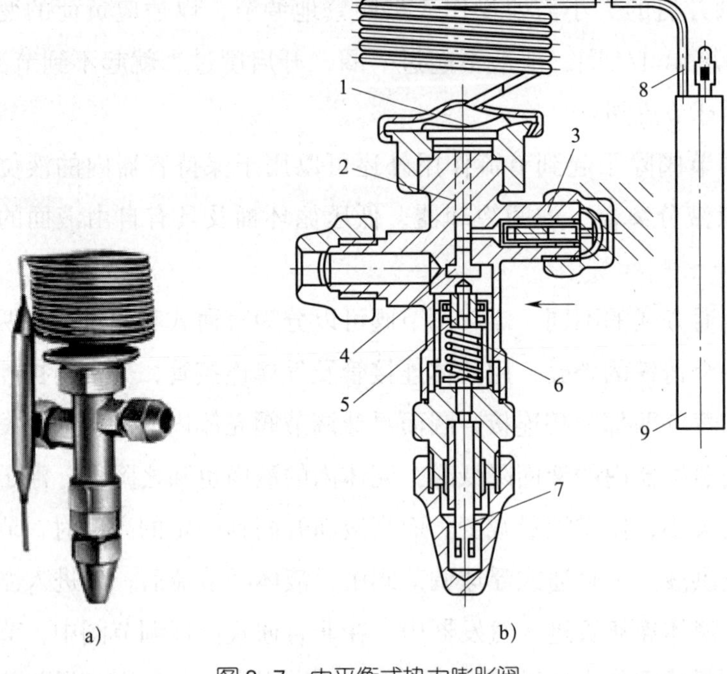

图 2–7　内平衡式热力膨胀阀

a）实物图　b）结构原理图

1—膜片　2—顶杆　3—调节螺杆　4—阀孔　5—阀针　6—阀座　7—进液过滤网　8—毛细管　9—感温包

小贴士

毛 细 管

毛细管是一种最简单的节流机构，是一根直径很小的紫铜管。流体流经管道时要克服管道的阻力，产生一定的压力降，管径越小，管道越长，压力降也越大，所以毛细管在制冷系统中可对制冷剂起到节流膨胀作用。当毛细管的内径和长度一定，且两端保持定压力差时，通过毛细管的制冷剂液体流量也是一定的。因此可以选择适当直径和长度的毛细管来节流降压和控制制冷剂流量。目前使用的毛细管多为内径 0.6 ～ 2.5 mm 的紫铜管，一般长度为 0.5 ～ 2.0 m。毛细管可以是一根或者是几根并联。使用几根毛细管时，需要用分液器，而且要经过仔细地调整，使几根毛细管的工作状况大致一样。另外，在毛细管前需要设过滤器以防毛细管被杂物堵塞。

图 2–8 是内平衡式热力膨胀阀在蒸发器上的安装图，膨胀阀接在蒸发器的进液管上，感温包 9 敷设在蒸发器出口的管外壁上。在感温包中充注有制冷剂的液体或其他感温剂。

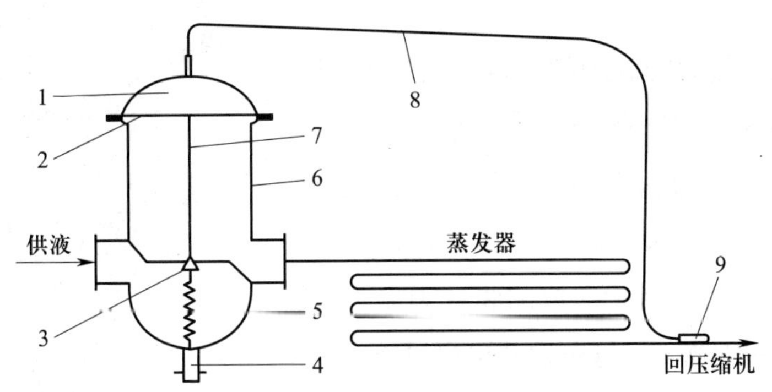

图 2–8　内平衡式热力膨胀阀安装图

1—压力腔　2—膜片　3—阀针　4—喇叭口螺母　5—阀座

6—阀体　7—顶杆　8—毛细管　9—感温包

热力膨胀阀的工作原理建立在力平衡的基础上，是一种比例调节器。工作时，弹性金属膜片上侧受感温包内工质的饱和压力 p_r 作用，下侧受制冷剂蒸发压力 p_e 与弹簧力 p_s 的作用，如图 2–9 所示。当蒸发器的供液量小于蒸发器热负荷的需要时，蒸发器出口处蒸气的过热度就增大，使感温包的温度提高，对应的压力随之增大，此时膜片上方的压力大于下方的压力（$-p_r$），这样膜片就向下鼓出，通过顶杆压缩弹簧，把阀针顶开，使阀孔通道面积增大，则蒸发器的供液量增大，制冷量也随之增大。反之，当供液量大于蒸发器热负荷的需要时，蒸发器出口处蒸气的过热度减小，感温系统中的压力降低，膜片上方的作用力小于下方的作用力 $+p_r$，使膜片向上鼓出，弹簧伸长，顶杆上移使阀孔通道面积减小，蒸发器的供液量也就随之减少。

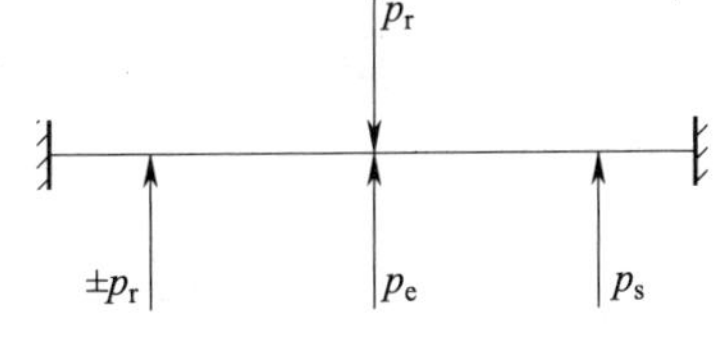

图 2–9　内平衡式热力膨胀阀力平衡

（2）外平衡式热力膨胀阀

一些制冷机蒸发器的管组长度较大，从进口到出口存在着较大的压降，造成蒸发器进出口处的温度各不相同。采用内平衡式热力膨胀阀会因蒸发器出口温度过低而造成热力膨胀阀过度关闭，以致丧失对蒸发器实施供液量调节的能力。采用外平衡式热力膨胀阀可以克服上述不足。外平衡式热力膨胀阀的构造与内平衡式热力膨胀阀相似，但是其膜片下方不与供入的液体接触，而是与阀的进、出口处用一隔板隔开，在膜片与隔板之间引出一根平衡管连接到蒸发器的回气管上。另外，调节杆的形式等也有所不同。如图 2–10 所示，为外平衡式热力膨胀阀的结构图。

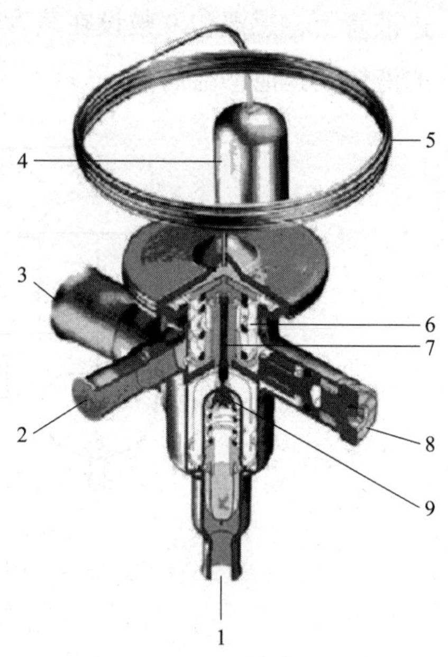

图 2–10　外平衡式热力膨胀阀

1—制冷剂入口　2—外平衡管接头　3—制冷剂出口　4—感温包　5—毛细管　6—弹簧　7—顶杆　8—调整杆　9—阀芯

外平衡式热力膨胀阀的安装如图 2–11 所示。外平衡式热力膨胀阀是将内平衡式热力膨胀阀膜片驱动力系中的蒸发压力改为由外平衡接头引入的蒸发器出口压力，以此消除蒸发器管组内的压降所造成的膜片力系失衡而带来的不利影响。尽管蒸发器出口过热度偏低，但仍然能保证在允许的范围内达到平衡。外平衡式热力膨胀阀的调节特性基本不受蒸发器中压力损失的影响，但是由于它的结构比较复杂，因此一般只有当膨胀阀出口至蒸发器出口的制冷剂的压力降所对应的蒸发温度降超过 2 ~ 3 ℃时，才应用外平衡式热力膨胀阀。

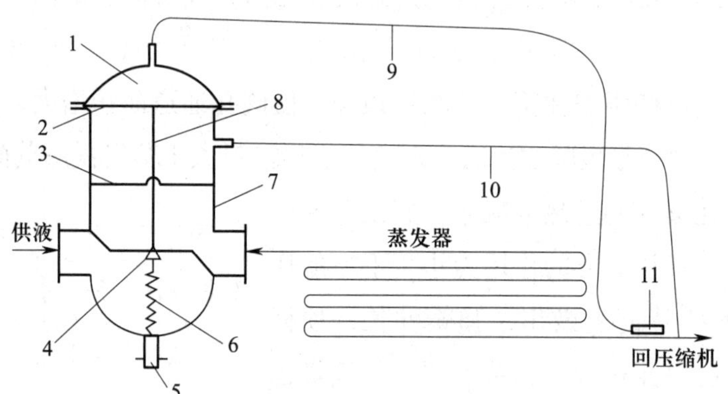

图 2–11　外平衡式热力膨胀阀安装图

1—压力腔　2—膜片　3—隔板　4—阀针　5—喇叭口螺母　6—阀座　7—阀体　8—顶杆　9—毛细管　10—外平衡管　11—感温包

3. 电子膨胀阀

电子膨胀阀由阀芯、阀体、转子、定子等主要部件组成，结构如图 2–12 所示。由一个屏蔽套将步进电机的转子和定子隔开。在屏蔽套下部与阀体做轴向焊接，形成一个密封的阀内空间。电机转子通过一个螺纹套与阀芯连接，转子转动时可以使阀芯下端的锥体部分在阀体中上下移动，以此改变阀孔的流通面积，起到调节制冷剂流量的作用。在屏蔽套上部设有升程限位机构，将阀芯的上下移动限制在一个规定的范围内。若有超出此范围的现象发生，步进电机将发生堵转。通过升程限位机构可以使计算机调节装置方便地找到阀的开启基准，并在运转中获得阀芯的位置信息，读出或记忆阀的开闭情况。由于变流量调节时间以秒计算，可以有效杜绝超调现象发生。

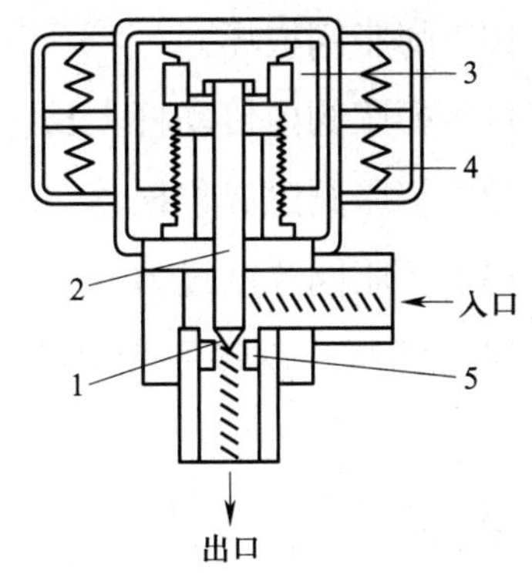

图 2-12 电子膨胀阀

1—阀孔 2—阀芯 3—转子 4—定子 5—阀体

二、节流装置故障的原因

1. 节流装置常见的故障现象

（1）制冷机运转，但无冷气。

（2）制冷压缩机启动后，阀很快被堵塞，阀外加热后，阀又立即开启工作。

（3）膨胀阀进口管上结霜。

（4）膨胀阀发出“咝咝”的响声。

（5）热力膨胀阀不稳定，流量忽大忽小。

（6）膨胀阀关不小。

（7）吸入压力过高。

2. 产生故障的原因

（1）感温包内充注感温剂泄漏。

（2）过滤器和阀孔被堵塞。

（3）系统内有水分，水分在阀孔处冻结，造成冰堵。

（4）膨胀阀前的过滤器堵塞。

（5）系统内制冷剂不足。

（6）液体无过冷度，液管阻力损失过大，在阀前液管中产生“闪气”。

（7）选用了过大的膨胀阀。

（8）开启过热度调得过小。

（9）感温包位置或外平衡管位置不当。

（10）膨胀阀损坏。

（11）膨胀阀内传动杆太长。

（12）膨胀阀感温包松落，隔热层破损。

（13）膨胀阀开度过大。

（14）脏堵：制冷系统内含有过多杂质，或焊接时产生的氧化皮引起堵塞。

（15）油堵：冷冻油不纯或杂质与油混合成为糨糊状物进入管内引起堵塞。

（16）冰堵：制冷系统中含有水分，在毛细管的出口部位引起堵塞。

三、节流装置故障的排除方法

节流装置故障排除的具体方法如下。

1. 修理或者更换膨胀阀。
2. 清洗过滤器或阀件。
3. 加强系统干燥。
4. 清洗过滤器。
5. 补充制冷剂。
6. 保证液体制冷剂有足够大的过冷度。
7. 改用容量适当的膨胀阀。
8. 调整开启过热度。
9. 选择合理的定位装置。
10. 把传动杆稍微锉短一些。
11. 放正感温包，包扎好隔热层。
12. 适当调小膨胀阀开度。
13. 轻打膨胀阀时吸气压力回升说明有脏堵。拆下膨胀阀进口端铜管，取出过滤网，用汽油清洗干净，同时用氮气将阀体吹干净后，再将过滤网装好，接入系统。
14. 油堵先更换冷冻机油，然后用氮气吹，将管道和阀中残留的污油全部吹出并更换干燥过滤器。
15. 采用酒精灯加热阀体或轻轻敲打阀体，视吸气压力回升情况进行判断。

当加热后吸气压力回升，说明是冰堵，可更换干燥过滤器中的干燥剂以排除水分。

操作技能 1

热力膨胀阀安装

热力膨胀阀的安装位置应靠近蒸发器，阀体应垂直放置，不可倾斜，更不可倒置安装。由于热力膨胀阀依靠感温包感受到的温度进行工作，且温度传感系统的灵敏度比较低，传递信号的时间滞后较长，易造成膨胀阀频繁启闭和供液量波动，因此感温包的安装非常重要。

一、操作准备

1. 工器具及材料

焊接设备、焊料、助燃剂、橡胶软接管、减压阀、打火机、干燥氮气、扎带、绝热材料、扳手、各类螺钉旋具等。

2. 随机技术文件

维修时应认真阅读随机技术文件。

二、操作步骤

步骤 1　氮气吹污

焊接前将连接管内部用氮气吹净，保持管内清洁干燥无杂物，清理孔及现场割管后管路的毛刺、铜屑。

步骤 2　拆卸热力膨胀阀

将热力膨胀阀的铜管连接法兰拆卸下来，把膨胀阀体、密封垫、螺栓、螺母妥善放好。

步骤 3　焊接膨胀阀阀体

采用 38% 银焊条，中性焰焊接。当采用外平衡式热力膨胀阀时，外平衡管一般连接在蒸发器出口、感温包后的压缩机吸气管上，连接口应位于吸气管顶部，以防被润滑油堵塞。

步骤 4　冷却阀体

焊接完毕后用冷水冷却阀体，清除管路上的氧化皮。

步骤 5　安装热力膨胀阀

待管路晾干后将膨胀阀依序正确安装。

步骤 6　安装感温包

将感温包缠在吸气管上，感温包紧贴管壁，包扎紧密。当吸气管外径大于 22 mm 时，感温包安装处若有液态制冷剂或润滑油流动，水平管上、下侧温差可能较大，因此将感温包安装在吸气管水平轴线以下 45° 之间（一般为 30°）。为了防止感温包受外界温度影响，在扎好后，务必用不吸水绝热材料缠包。

三、注意事项

1. 安装前检查热力膨胀阀感温包是否完好。

2. 热力膨胀阀安装位置必须靠近蒸发器的地方，阀体应垂直安装，不能倾斜或倒置安装。

3. 安装时应注意使热力膨胀阀感温包内的液体始终保持在热力膨胀阀感温包内，因此热力膨胀阀感温包应比阀体装得低一些。

4. 热力膨胀阀感温包尽可能安装在蒸发器的出口水平回气管上，一般应远离压缩机吸气口 1.5 m 以上。

5. 热力膨胀阀感温包不能安装在有积液的回管上。

6. 若蒸发器出口带有气液交换器，一般将热力膨胀阀感温包装在蒸发器的出口处，即热交换器之前。

7. 热力膨胀阀感温包通常安置于蒸发器回气管上，并紧贴管壁包扎紧密，接触处应清理干净。

热力膨胀阀调整

要使热力膨胀阀在某一工况下执行自动调节功能，必须在制冷系统调试时予以调整。对热力膨胀阀的调整是通过调节杆来实现的。对调节杆的旋进或旋出，实质上就是对弹簧的压紧或放松，也就是调整热力膨胀阀的静装配过热度的大小，以适应制冷工况的需要。一般顺时针旋转为进，反时针旋转为退。

一、操作准备

1. 工器具及材料

扳手、低压表、各类螺钉旋具等。

2. 随机技术文件

维修时应认真阅读随机技术文件。

二、操作步骤

步骤 1　装低压表

在压缩机吸气截止阀上装一只低压表，观察蒸发压力的变化情况。

步骤 2　取下帽盖

当要调整蒸发压力时，可取下帽盖。

步骤 3　旋动调节杆粗调

用扳手顺时针旋转调节杆，使弹簧的压缩力增大，迫使膜片上移而关小阀门，蒸发压力就会逐渐下降。同理，反时针旋转调节杆就会开大阀门，调高蒸发压力。每次调节时可将调节杆旋转一圈左右。当设备接近其运行工况时，进行细调。

步骤 4　旋动调节杆细调

当设备接近其运行工况时，要进行细调，每次旋转 1/4 ~ 1/2 圈。每调节一次后，应使系统运转几分钟或十几分钟，并观察低压表的变化情况，再来决定下一次的调整。正常的蒸发压力会使白霜或凝露结至吸气管道。若白霜或凝露结至吸气截止阀甚至半个压缩机，说明阀门开度过大，应该调小些；若白霜或凝露只结到蒸发器出口或结不到出口端，说明阀门开度过小，应调大一些。

步骤 5　调试结束

膨胀阀调试结束时，应将帽盖旋上并用扳手扳紧，以防制冷剂泄漏。

三、注意事项

1. 调整热力膨胀阀是一个细致的工作，调整过程中切忌急于求成。

2. 调整好的热力膨胀阀不得因其他原因再次调节，除非制冷机改变运行工况。

学习单元 2　排气压力、中间压力、吸气压力异常故障排除

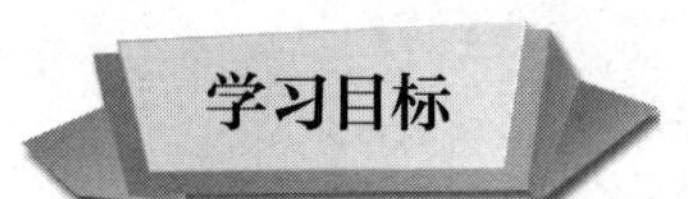

能够查出排气压力、中间压力、吸气压力异常故障的主要原因
了解排气压力、中间压力、吸气压力异常故障的危害
熟悉排气压力、中间压力、吸气压力异常故障排除方法

一、排气压力、中间压力、吸气压力异常故障的主要原因

制冷机运行的主要参数有蒸发压力和蒸发温度，冷凝压力和冷凝温度，压缩机的吸、排气压力和吸、排气温度，两级压缩制冷系统的中间压力等。运行中，蒸发压力与压缩机的吸气压力应相近，冷凝压力与压缩机的排气压力应相近。蒸发压力与蒸发温度、冷凝压力与冷凝温度呈对应关系。蒸发压力和蒸发温度随要求的制冷温度而定。冷凝压力和冷凝温度随冷却介质的温度及其流动情况而定。制冷时，液态制冷剂在室内的蒸发温度控制在 6 ~ 7 ℃，蒸发压力为 0.6 MPa，冷凝压力为 1.75 MPa；制热时，室外的蒸发温度则为 –3 ℃，蒸发压力为 0.3 MPa。制冷系统设计采用制冷为设计基础，制热时使用辅助毛细管提升蒸发压力。实际吸气过程要克服吸气阀弹簧等阻力，吸气压力要低于吸气管道处的压力。受单级压缩机的运行界限的限制，为达到更低的蒸发温度，需要用双级压缩机。两级压缩的中间压力与高、低压压缩机的气缸容积比、冷凝压力和蒸发压力等有关，它们中的任一数值变化时，中间压力都会发生相应的变化。

1. 排气压力过低的原因

（1）蒸发器过滤网太脏。

（2）气阀阻力太大。

（3）排气阀、止回阀阻力大，排气管路异常。

（4）进气阀故障，加载时进气阀未全部打开导致进气不足。

2. 压缩机排气压力比冷凝压力高的原因

（1）排气管道中的阀门未全开。

（2）排气管道内局部堵塞。

（3）排气管道管径太小。

（4）风冷冷凝器冷却风量不足。

（5）冷凝器表面太脏。

（6）水冷冷凝器冷却水流量不足。

（7）制冷剂充注量过多。

（8）不凝性气体混入系统。

3. 吸气压力比正常蒸发压力低的原因

（1）供液太多，使压缩机吸入未蒸发的液体，造成吸气温度过低。

（2）制冷量大于蒸发器的热负荷。进入蒸发器的液态制冷剂未来得及蒸发吸热即被压缩机吸入。

（3）蒸发器内部积油太多，造成制冷剂未能全部蒸发而被压缩机吸入。

4. 吸气压力为负压的原因

（1）制冷剂不足。

（2）系统内有堵塞现象。

（3）新换的毛细管太细、太长。

（4）膨胀阀过小。

5. 吸气压力过高的原因

（1）制冷剂充注量过多。

（2）新换毛细管过短。

（3）膨胀阀过大。

（4）压缩机性能不好。

（5）蒸发器热负荷过大。

（6）压缩机故障。

6. 中间压力异常的原因

（1）因一级吸气阀不良产生逆流，加热一级吸气管路，出现一级吸气温度异常升高。

（2）级间吸气阀不良产生逆流及一级冷却器效率低，出现级间吸气温度异常升高。

（3）因一级吸排气阀不良产生逆流，使级间气压下降，次级吸排气阀不良使级间气压升高，连接管路阻力大，排气温度异常升高。

（4）次级吸气前由于向机外泄漏，排气压力下降，出现级间排气温度异常降低。

（5）因产生水垢或污垢，使冷却器冷却效率低，连接次级管路阻力大，而出现级间温度异常升高。

（6）放泄阀、旁通阀关闭不严，出现级间吸气温度异常降低。

（7）因阀片变形、破损，阀附着夹杂物，阀安装不良，安装面密封不良、贴合不严，阀门弹簧破损等引起吸、排气温度异常。

（8）压缩机之间的内泄漏。

（9）一级吸、排气阀不良，吸气不足。

二、排气压力、中间压力、吸气压力异常故障的危害

1. 排气压力异常故障的危害

吸、排气压力超过规定的范围会导致压力控制器切断电源，引起压缩机停机。排气压力高，压缩机的压缩比高，会导致排气温度过高，从而引起压缩机过热，它对压缩机的工作有严重的影响。压缩机过热会降低其输气系数和增加能耗。润滑油黏度会因此而降低，使轴承产生异常的摩擦损坏，甚至引起烧瓦事故。过高的压缩机排气温度还会促使制冷剂和润滑油在金属的催化下产生分解反应，生成对压缩机有害的酸类、水分和游离碳。酸会腐蚀制冷系统的各组成部分和电气绝缘材料。水分会堵住毛细管。积炭沉积在排气阀上，既破坏了其密封性，又增加了流动阻力。积炭使活塞环卡死在环槽里，从而失去密封作用。剥落下来的炭渣若被带出压缩机，会堵塞毛细管、干燥器等。压缩机的过热还会导致活塞在气缸里被卡住，以及内置电动机的烧毁。

2. 吸气压力异常故障的危害

蒸发温度升高，吸气压力也会升高。制冷机的蒸发温度根据被冷却介质的温度要求及工作特点来确定。运行中，在满足制冷机使用要求的情况下，应尽可能提高冷水出水温度。如果实际使用中机组节流装置阀开度过小，供液量不足，蒸发压力和蒸发温度下降，压缩机吸气过热，排气温度也会升高。而供液量过多时，则蒸发压力和蒸发温度都升高，过量的液体还会使压缩机产生液击故障。

3. 中间压力异常故障的危害

当排气压力和吸气压力的比达到某一个极限点时便发生喘振。采用多级压缩可以减少喘振的发生。在一定范围内，两级压缩的中间压力是随着高低压级

的容积比和冷凝压力、蒸发压力的变动而改变的。在运行操作过程中不能随意调整中间压力，而只能控制中间冷却器等有关参数，以维护压缩机正常运转。由于两级压缩压缩机的电动机配套原则是高压级压缩机按最大功率选用，低压级压缩机按启动工况选用。在两级压缩机启动时，要先启动高压级压缩机，当蒸发压力逐渐下降到中间压力时，再启动低压级压缩机。否则低压级压缩机电动机过载，制冷系统不能安全运行。

三、排气压力、中间压力、吸气压力异常故障的排除方法

1. 排气压力异常故障的主要排除方法

（1）开大排气管道中的阀门。

（2）检查去污，清理堵塞物。

（3）通过验算，更换管径。

（4）调整或更换压力控制器。

（5）修理或更换电动机。

（6）清洗热交换器。

（7）提高水压。

（8）调整修理水量调节阀。

（9）调整制冷剂充注量。

（10）排除系统不凝性气体。

（11）检查气阀弹簧力是否合格，气阀通道面积是否够大。

（12）检查止回阀，在全开排气阀状态下检查并排除故障。

2. 吸气压力异常故障的主要排除方法

（1）适当减少供液量。

（2）调节压缩机，使制冷量与蒸发器的热负荷一致。

（3）进行除霜和放油。

（4）调整热负荷。

（5）清洗污垢。

（6）调大膨胀阀开度。

（7）修理或更换压缩机。

3. 中间压力异常故障的主要排除方法

（1）更换新的部件，移开接近吸气管的高温设备。

（2）检查吸排气阀气密性及工作是否灵敏、可靠，更换新的部件，确保冷却水量，清洗冷却器。

（3）对气阀进行检修或更换新部件，检查并清洗管路。

（4）检查泄漏部位，采取措施制止泄漏。

（5）确保冷却水量，清洗冷却器，更换新部件，检查并清洗管路。

（6）彻底关闭放泄阀和旁通阀。

（7）更换阀片，对阀座面进行机械加工或重新磨合；清洗阀，排除夹杂物，换密封垫，使阀彻底贴合；更换阀弹簧等。

（8）检查吸、排气压力是否正常，各级气体排出温度是否增高，并采取相应措施。

（9）更换新的部件。

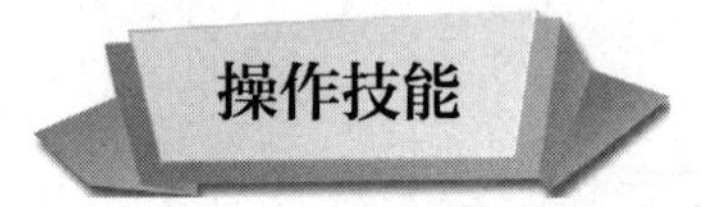

制冷系统压力测量

空调制冷系统有3个压力参数，分别是平衡压力、低压压力和高压压力。3个参数是否正常是判断制冷系统故障的重要依据。在室外机的两个单向阀上，分别有两个压力测量端口，可以同时检测高压压力和低压压力。制冷状态时，气阀上的端口用于测量低压压力，液阀上的端口用于测量高压压力。在压缩机没有运转时，两个压力是一致的，是平衡压力。在制热状态下，两个端口都是高压压力。

一、操作准备

1. 工器具及材料

检修双表阀及转接头、内六角扳手、肥皂沫、常规扳手、高压表、低压表、橡胶软接管、减压阀、各类螺钉旋具等。

2. 随机技术文件

由于不同压缩机结构不同，维修时应认真阅读随机技术文件。

二、操作步骤

步骤1　拆下帽盖

确认空调器压缩机没有运转，使用扳手拆卸室外两个单向阀的阀芯帽盖、检测口帽盖。将拆下的帽盖放到合适的地方，防止脏物进到帽盖内。

步骤 2　安装检修双表阀

将检修双表阀的两个转接头连接到表阀的测量管头，分别关闭两个表阀。制冷机和表阀连接时，是将空调器的工艺口和表阀的测量口连接在一起的。关闭一个阀芯，双表双阀可以作为单表单阀使用。关闭两个阀芯，双表双阀则可以当作两块单独的压力表使用。使用检修双表可以同时测量两个压力。

步骤 3　连接高压表

连接高压表，将高压表对应的连接管口对准单向阀 - 液阀的测量口，确保两个管口内的顶针对正，迅速将连接管拧到测量口上，微开启双表阀的高压旋钮 2 ~ 3 s，双表阀中间管道有气流排出，为测量连接管道内的空气，排空完毕关闭双表阀的高压旋钮，高压表连接完成。

步骤 4　连接低压表

连接低压表采用连接高压的办法。连接低压表也可以在制冷压缩机运转时进行，因为压缩机制冷运转时，工作压力为低压，方便连接管道。

步骤 5　读取平衡压力

读取高压表和低压表的压力值。这个数值是压缩机未工作时制冷系统的平衡压力。由于压力表的误差，两块表的数据可能会有不同，通常以低压表的读数为准。

步骤 6　读取低压压力和高压压力

在压缩机工作在制冷状态下时读取压力表读数。压缩机开始运转的短时间内，压力不稳定，当工作 10 min 后压力稳定，记录高压压力和低压压力数据。

步骤 7　拆卸检修双表阀

在压缩机制冷的时候，制冷时气阀位置是低压，应趁着低压状态卸掉连接管。压缩机停止运转，高压压力下降达到平衡压力后，拆卸高压测量管道。完成制冷系统的压力测量。

步骤 8　测量结束

卸下检修双表阀后，将测量前拆卸下来的阀芯和测量口帽盖安装到原位置，并使用扳手适当拧紧。

步骤 9　检漏

使用肥皂沫对帽盖进行检漏。

三、注意事项

1. 在连接管道时，一手扶正转接头的管道，使两个管口内的顶针对正，另一手旋转转接头的螺母。严禁单手直接将转接头拧上去，一是防止制冷剂泄漏过多，二是防止顶针歪斜。

2. 排放空气时不要过多地放掉制冷剂，所有的连接管接头要确保密封。

3. 在压缩机运转过程中，可以观察到压力的整个变化过程。在观察压力的过程中，不得开启检修双表阀的两个表阀，否则将导致高、低压的串压，影响制冷系统正常运转。

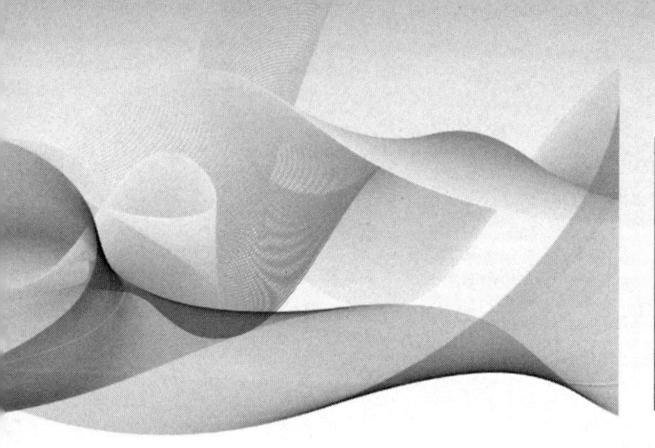

职业模块 3 维护保养

培训课程 1 维护保养制冷压缩机

学习单元 1 制冷压缩机品质检查

熟悉制冷压缩机的工作性能要求

能够判断制冷压缩机是否需要更换

能够进行制冷压缩机更换

一、制冷压缩机的工作性能要求

压缩机是制冷系统中最重要的组成部分，与系统中的热交换器、节流装置等配合工作而获得制冷效果。在制冷系统各部件中，制冷压缩机的性能对系统的影响最大。

1. 工况

压缩机的性能指标随制冷剂种类、冷凝温度和蒸发温度的变化而变化。在说明一台压缩机的性能指标时，必须有给定的冷凝温度、蒸发温度等工况条件。压缩机铭牌标注的性能参数是名义工况下的性能。《活塞式单级制冷剂压缩机（组）》（GB/T 10079—2018）中规定了活塞式单级制冷压缩机的名义工况。在压缩机运行时，吸入压力饱和温度可被近似认为是蒸发温度，排出压力饱和温度可被近似认为是冷凝温度。开启式单级活塞制冷压缩机大多采用上述标准中的规定，全封闭和半封闭活塞式单级制冷压缩机大多数采用 Tecumseh 公司或 Danfoss 公司的标准。《活塞式单机双级制冷剂压缩机》（JB/T 5446—

2018）中规定了活塞式单机双级制冷压缩机的名义工况。与活塞式单级制冷压缩机的情况类似，采用该标准的大多是开启式制冷压缩机。《全封闭涡旋式制冷剂压缩机》（GB/T 18429—2018）中规定了全封闭涡旋式制冷压缩机的名义工况。

2. 压缩机基本参数

压缩机的基本参数有输气量、制冷量、轴功率、电功率等。输气量有容积输气量和质量输气量。活塞式制冷压缩机每转一周气缸容积的变化称为转排量，简称排量，计算公式如下：

$$V_1=i\pi D^2S/4$$

式中 V_1——制冷压缩机的转排量，m^3；

i——制冷压缩机的气缸数；

D——制冷压缩机的气缸直径，m；

S——制冷压缩机的活塞行程，m。

活塞式制冷压缩机理论容积输气量的计算公式如下：

$$V_h=n60V_1$$

式中 V_h——制冷压缩机理论容积输气量，m^3/s；

n——制冷压缩机的转速，r/min。

活塞式制冷压缩机理论质量输气量的计算公式如下：

$$m_h=V_h/v$$

式中 m_h——制冷压缩机理论质量输气量，kg/s；

v——进气口处吸气状态下气体的比体积，m^3/kg。

按吸气状态计算，压缩机单位时间所输送的气体量为实际容积输气量，简称实际输气量，计算公式如下：

$$V_a=\lambda V_h$$

式中 V_a——制冷压缩机实际容积输气量，m^3/s；

λ——制冷压缩机的输气系数，表示压缩机的气缸工作容积的有效利用程度。

其他任何类型的压缩机，在一定工况下，均有自己的实际容积输气量。

在一定工况下，单位时间内由吸气端输送到排气端的气体质量称为在该工况下的实际质量输气量，其与实际容积输气量和转排量的关系如下：

$$m_a=V_a/v$$

式中 m_a——制冷压缩机实际质量输气量，kg/s。

制冷压缩机的制冷量与实际质量输气量和实际容积输气量的关系如下：

$$Q_0=m_aq_0=V_aq_v$$

式中 Q_0——制冷压缩机的制冷量，kW；

q_0——给定工况下的单位制冷量，kJ/kg；

q_v——给定工况下的单位容积制冷量，kJ/m^3。

轴功率 P_e 是指电动机传递到压缩机主轴上的功率，单位为 kW。轴功率的一部分是指示功率 P_i，用于完成制冷剂的压缩；另一部分是摩擦功率 P_m，用于克服压缩机中各运动部件的摩擦阻力和驱动油泵等附属内部设备。由于开启式压缩机的轴功率可直接测定，所以轴功率指标主要用于开启式压缩机。

输入电动机的功率就是压缩机所消耗的电功率 P_{e1}，单位为 kW。由于封闭式压缩机的轴功率不方便直接测量，通常测电功率。

压缩机的排热量是通过系统中的冷凝器排出的，计算公式如下：

$$Q_k=Q_0+P_i$$

式中 Q_k——制冷压缩机的排热量，kW；

P_i——指示功率，kW。

压缩机的使用说明书通常给出压缩机的转排量和名义工况的制冷量，开启式压缩机应给出电动机型号，半封闭和全封闭压缩机应给出输入电功率和输入电压。开启式压缩机的转速可以根据使用说明书上电动机型号或电动机铭牌查出。半封闭压缩机的转速有 1 450 r/min 和 2 900 r/min 两种，全封闭压缩机的转速有 1 440 r/min 和 2 880 r/min 两种，通常不标出，可以通过转排量与制冷量的关系计算得出。

二、制冷压缩机的更换

更换压缩机必须满足技术和安全两个方面的要求。

1. 技术要求

首先，要满足压缩机的级数要求，单级制冷压缩机与单机双级制冷压缩机不能互换。其次，所用的制冷剂应相同，压缩机的铭牌上标明了所适用的制冷剂，不同制冷剂的压缩机不能互换。再次，工作温度要在压缩机的使用范围内。最后，制冷量应满足要求，所选压缩机的制冷量应不小于待换压缩机。同一系列的压缩机，如输气量相同，可以认为制冷量也相同。不同类型压缩机互换时，应先从各自使用维护说明书的性能曲线图、性能参数表中查出在使用工况下的制冷量。

如说明书中仅有名义工况的制冷量，可以按下式近似换算：

$$Q_{0a}=Q_{0s}q_{va}/q_{vs}$$

式中 Q_{0a}——使用工况制冷量，kW；

Q_{0s}——名义工况制冷量，kW；

q_{va}——使用工况单位容积制冷量，kJ/m^3；

q_{vs}——名义工况单位容积制冷量，kJ/m^3。

手推液压升降叉车如更换全封闭和半封闭压缩机，启动方式应相同，这样做无须更改电气控制系统。如开启式压缩机的电动机不更换，仅更换压缩机部分，则联轴器应相同。如在制冷系统中有多台压缩机，而只更换其中一台，压缩机所使用的冷冻机油也应是同一型号、同一规格的。

2. 安全要求

更换压缩机时主要安全要求有以下几项。

（1）制冷剂隔离

更换压缩机之前，必须将压缩机内的制冷剂抽空，同时要将待换压缩机与系统隔离。

（2）电气隔离

更换压缩机之前，必须将电源和控制接线拆除，将压缩机与电气线路隔离。

（3）起重安全

压缩机提升和搬运通常需要用手推液压升降叉车，其起重量应大于压缩机质量。如使用钢丝绳吊挂，则所需提升高度、压缩机吊环高度与钢丝绳所需空间之和，应小于最大起升高度。使用时，起升速率应不大于 40 mm/min，下降速率应不大于 60 mm/min。钢丝绳不应有局部聚集断丝、绳股断裂、绳径减小、笼状畸变、绳股挤出、绳径局部增大、绳径局部减小、弯折等缺陷。

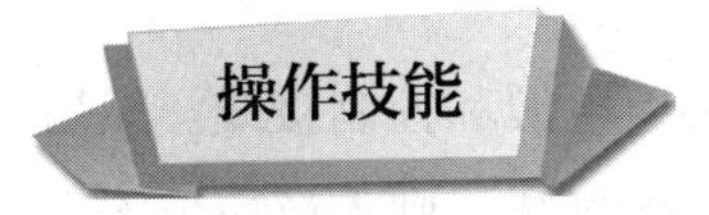

制冷压缩机更换

一、操作准备

在工作开始前，应熟悉技术资料，了解工作要求和工作内容。在设备开箱之前，应先检查并打扫包装箱外部。在开箱之后，应根据装箱清单逐项检查压缩机的规格、型号、数量、外观、合格证与随机技术文件，并逐项做好记录。仔细阅读压缩机的使用维修说明书，根据使用维修说明书检查基础尺寸和位置。

1. 工器具及材料

套筒扳手、梅花扳手、旋具各一套，钢丝钳、尖嘴钳各一把，安全电压照明灯具，用于排放口上的胶管，灭火器、通风机等安防设施，手推液压升降叉车和钢丝绳及防护用品。

2. 制定工作方案

包括所用工器具和材料、物品，确定工作步骤和人员分工。更换质量为 100 kg 以上的压缩机共需要 3 人，1 人负责拆卸、紧固，1 人负责升降和移动，1 人负责起重指挥。其中，制冷工负责拆卸、紧固。

二、操作步骤

步骤 1　隔离

将压缩机内的制冷剂抽空。如能用待换压缩机抽空，则先关闭吸气阀，然后启动待换压缩机抽空，最后关闭排气阀。以开启式压缩机为例，如不能用待换压缩机抽空，则应关闭低压循环贮液器或蒸发器至压缩机的回气阀、待换压缩机排气阀，启动其他压缩机抽空，最后关闭待换压缩机吸气阀。对于氨或烷烃类制冷压缩机，抽空至曲轴箱压力为真空状态，置放 4 h 后，压力应为 0.05 MPa 以下。对于卤代烃制冷压缩机，抽空至曲轴箱压力为 0 ~ 0.05 MPa。然后关闭吸气阀和排气阀之上的检修阀，并挂牌，形成双重防护。如压缩机内残存有少量制冷剂，需打开放气管口排放，并用通风机排风。此时人员应位于上风处。

步骤 2　拆除

首先切断电源，在控制柜上挂牌，确认断电后拆下电源和控制接线。然后拆开吸气阀和排气阀之下的法兰。如仍有较强的制冷剂气味，则人员应位于上风处并用排风扇排风。如开启式压缩机的电动机部分不更换，仅更换压缩机部分，则拆开压缩机与底座之间的连接螺栓。如连同电动机一起更换，则拆开底座下的地脚螺栓。更换半封闭压缩机时，拆开压缩机与底座之间的连接螺栓，用手推液压升降叉车小心地将待换压缩机吊起，移至事先确定的场地。如带有联轴器，则须拆下并安装在新压缩机上。最后将压缩机位清理干净。

步骤 3　安装

用手推液压升降叉车将新压缩机吊起，放置于原位。如开启式压缩机仅更换压缩机部分，需要对正联轴器中心。如连同电动机一起更换，则需在每个地脚螺栓孔的两侧距孔 20 mm 处放上随机附带的楔形垫铁，用调整垫铁的方法将压缩机调整至水平后，再将两垫铁斜面用断续焊法焊牢。紧固连接螺栓或地脚螺栓，接上吸气阀和排气阀之下的法兰。

步骤 4　试验

连接电源和控制接线并确认无误，接通电源并检查电压。打开排气阀上的放气管口与吸气阀上的多用管口，用胶管将两管口连接，点动压缩机。无异常情况发生则拆除胶管，关闭放气管口和多用管口。随后进行“校正联轴器的同轴度”和“对制冷压缩机抽真空”操作并记录试验情况。最后将吸气阀、排气阀和检修阀打开，进行开机操作，并记录运行参数。

步骤 5　记录

将整个工作过程记录下来，与步骤 4 的记录一起归档。

三、注意事项

1. 准备工作开始前，应向参加作业的人员进行作业交底，讲清要做什么工作。准备工作开始后，讲清安全要求和工作步骤。

2. 对于切割或拆开的管道应注意包扎，避免污物进入管路。如果需配管应注意新管的清洗。

3. 在进行焊接作业时应注意安全。焊接时应对阀门、过滤器等加强保护，对于电磁阀应拆卸线圈部分。对阀体应采用湿毛巾包裹等方式进行降温，按要求控制温度，保证火焰朝向远离阀体的方向。

学习单元 2　零部件不圆度、垂直度、水平度、平行度检查

掌握零部件的检查与测量知识

能够进行零部件不圆度、垂直度、水平度、平行度的测量

一、零部件的检查与测量知识

在制冷装置运行过程中，制冷压缩机受到交变负荷、摩擦和腐蚀的作用，会引起磨损和疲劳，使零部件间的配合尺寸和相对位置发生变化。为确保压缩机正常工作，需根据其累计运行时间和磨损程度指定检修周期和检修内容。在正常情况下，压缩机累计运行约 700 h 进行小修。机械零部件检查测量方法主要有检视法、测量法和无损检测法等。可以根据具体情况选择相应的检测方法，对零部件的技术状态做出全面、准确的判断。

1. 检视法

检视法是指凭器官（眼睛、耳朵等）或借助简单工具（放大镜、标准块、锤子等）进行检验、比较和判断零件的技术状态。优点是简单易行，不受条件限制，应用普遍。检视法的准确性主要依靠检查人员的生产实践经验，只能做定性分析和判断。

2. 测量法

测量法是指用测量工具和仪器对零件的尺寸精度、形状精度及位置精度进行检测，是应用最多、最基本的检查方法。

3. 无损检测法

无损检测法能确定零件隐蔽缺陷的性质、大小、部位等，在具体操作中应结合零件的工作条件，综合考虑其受力状况、生产工艺、检测要求及经济性等。常用的无损检测法主要有磁粉法、渗透法、超声波法和射线法等。

（1）磁粉法

磁粉法设备简单、检测可靠、操作方便，适用于铁磁性材料的零件表面和

近表面缺陷的检测。采用磁粉法检测时，必须注意磁化方法的选择，使磁感应线方向尽可能垂直或以一定角度穿过缺陷的走向，以获得最佳的检测效果。检测后应注意退磁。

（2）渗透法

渗透法可以检测出零件表面上约 1 μm 宽的微裂纹，检测方法简单、方便。

（3）超声波法

超声波法的原理是利用某些物质（石英、钛酸钡等）的压电效应产生的超声波在介质中传播时，遇到不同介质间的界面缺陷（内部裂纹、夹渣和缩孔等）会产生反射、折射等特性，确定零件内部缺陷的位置、大小和性质等。超声波法的主要特点是穿透能力强、灵敏度高、适用范围广，不受材料限制，设备轻巧，使用方便。适用于零件的内部缺陷的检测。

（4）射线法

射线法的原理是利用照射零件的射线（X、γ）对材料正常组织和缺陷组织不同的显影效果（裂纹、气孔、疏松或夹渣等）分析判断零件缺陷的形状、大小和性质。但费用较高，还应注意射线安全防护。

二、零部件不圆度、垂直度、水平度、平行度的检查方法

零部件的间隙测量方法和间隙调整的技术要求如下。

1. 曲轴颈与曲柄销的不圆度

曲轴颈的不圆度为其直径的 1/1 500 时，最好进行修理，为其直径的 1/1 250 时必须修理。曲轴销的不圆度为其直径的 1/1 250 时，最好进行修理，为其直径的 1/1 000 时必须修理。圆柱度不得超过不圆度的 0.5 倍。轴颈经多次车削、研磨后，其直径允许减小 3%，超过此数应予以更换。用外径千分尺测量轴颈的磨损情况。轴颈如有不圆度，则轴在转动中由于轴的中心线位置变动而产生轴的径向振摆，不仅会破坏机器工作的稳定性，而且会加速主轴承磨损。

2. 活塞不圆度

新活塞的不圆度不得超过其直径的 1/1 500，工作后的活塞最大允许磨损不圆度为 1/1 000 ~ 1.5/1 000。用外径千分尺或千分表装在专用支架上，测量活塞磨损情况。

3. 气缸垂直度

轴中心线允许倾斜度每 1 m 长度不得超过 0.15 mm，其倾斜方向应与轴的倾斜方向一致，气缸与活塞中心线全长范围内的倾斜度不得大于气缸与活塞之间间隙的一半。用测锤和内径千分尺先找准气缸顶中心点，再在气缸中部与下部，每隔 90° 平面测量气缸壁，即可得出气缸的垂直度。在气缸中心线倾斜度超差时，活塞与气缸干摩擦，容易引起气缸拉毛。

4. 曲轴水平度

每 1 m 长度的水平度不得超过 0.2 mm。用水平仪测量。

5. 活塞与气缸之间的间隙

活塞与气缸之间的正常间隙为气缸直径的 1/1 000 ~ 2/1 000，高转速压缩机铝活塞可采用较大间隙。用塞尺测量活塞与气缸之间的间隙，并在气缸面上、中、下三个部位测量。间隙太小会引起干摩擦，间隙太大则漏气量增加、制冷效率降低，并在运动时产生撞击。

6. 磨损

气缸磨损达气缸直径的 1/200 时，最好进行修理，磨损至 1/150 时，必须进行修理。气缸壁厚度磨损 1/10 时最好更换，磨损 1/8 时必须更换。

7. 主轴承和连杆轴承的径向间隙与轴向间隙

主轴承的下部与轴颈 120° 包角内，应接触均匀，没有间隙。连杆轴承的上部同轴颈 100° 包角内也应无间隙。主轴承的径向间隙及各轴承的轴向间隙，用塞尺测量。轴承间隙过大，油压不容易形成，运转时机器有振动和不正常声响。主轴承的上瓦与轴颈之间，以及连杆轴承下瓦与曲柄销之间的径向间隙，一般等于轴颈的 1/1 000。连杆轴承的径向间隙，用分别测量连杆轴承内径及曲柄销外径尺寸的方法求得。轴向间隙过大，则转动时曲轴容易产生轴向移动，轴承端面磨损较大，轴封的密封性也易受到影响。

8. 活塞顶与气缸安全块之间的余隙

一般的余隙为 1 ~ 1.5 mm，活塞顶端制成凹形时为 0.5 ~ 1.3 mm。用软铅丝放在活塞顶部，装好安全块，转动飞轮，使活塞升至上止点，将铅丝压扁，用外径千分尺测量取出的软铅丝厚度，即得余隙数值。测量倾斜的气缸时，注意将软铅丝放妥并固定好，以免落入气缸与活塞之间的间隙内。

9. 吸、排气阀片的开启度及关闭的严密性

压缩机转速在 500 r/min 以下，阀片的开启度为 2 ~ 2.5 mm。转速在 500 r/min

以上，阀片的开启度为 1.5 ~ 2 mm。当阀片有轻微磨损或划伤时，应重新研磨和检修。当阀片磨损使其厚度比原标准尺寸小 0.15 mm 时，应更换。阀片开启度的测量用深度尺或塞尺均可。阀片严密性的检查，可以用煤油做渗漏试验。如果开启度过大，则阀片运动速度大，阀片容易击碎；如果开启度过小，则制冷剂蒸气通过阀片的阻力增大，影响吸、排气效率。

10. 压缩机安全阀

安全阀调整在 1 618.1 kPa 表压时开启。用压缩空气进行校验。飞轮转动时，其振摆度不应超过 1 mm。将千分表及支撑架放在飞轮外侧测量。

零部件检查和间隙调整

一、操作准备

工器具准备钢直尺、卡钳、游标卡尺、千分尺、千分表（百分表）、塞尺和水平仪等。材料准备各种清洗剂，棉纱、绸布、石棉橡胶板、砂布、油石、研磨砂、软铅丝等。准备好用于记录尺寸的登记单。

二、操作步骤

步骤 1　活塞上止点间隙检查调整

将软铅丝放在活塞顶部，装好排气阀组，转动曲轴，使活塞升至上止点，将铅丝压扁，用外径千分尺测量软铅丝厚度，即是活塞上止点间隙。测量倾斜的气缸时，注意将软铅丝放妥并固定好，以免落入气缸与活塞之间。间隙不符合技术要求时，应对轴瓦、间隙调整垫片等处进行调整。

步骤 2　吸、排气阀组检查

用深度尺或塞尺测量阀片的开启度。用煤油做渗漏试验检查阀片的严密性。阀片划伤不可修复，阀片磨损厚度超标应予以更换。检查内外阀座密封线是否正常，有无损坏等。

步骤 3　活塞和活塞环间隙检查

用塞尺测量活塞环与环槽的间隙，其正常间隙为 0.05 ~ 0.07 mm，最大不应超过 0.15 mm，否则应更换新环。环槽的正常深度比环的宽度大 0.3 ~

0.5 mm，活塞环的搭口约为环直径的 5/1 000，搭口的极限间隙不得超过活塞环直径的 15/1 000。新活塞环与气缸的接触面不得小于活塞环圆的 2/3，在整个圆周内，径向间隙不应多于两处，并与搭口的角度应大于 30°，每处径向间隙的弧度不大于 45°，间隙不大于 0.03 mm。

步骤 4　活塞销和连杆小头衬套检查

用塞尺测量活塞销和连杆小头衬套径向间隙。

步骤 5　曲轴和连杆大头轴瓦检查

用塞尺测量曲轴和连杆大头轴瓦之间的径向间隙。用外径千分尺测量曲轴磨损情况。

步骤 6　轴承间隙检查

用塞尺测量主轴承的径向间隙及各轴承的轴向间隙。

步骤 7　活塞与气缸间隙检查

（1）用塞尺在气缸面上、中、下三个部位测量活塞与气缸之间的间隙。

（2）用内径千分表测量气缸，检查气缸内壁的磨损情况。

（3）气缸垂直度用测锤和内径千分尺测量，先找准气缸顶中心点，再在气缸中部与下部，每隔 90° 平面测量气缸壁，即可得出气缸的垂直度。

（4）活塞椭圆度，用外径千分尺或千分表装在专用支架上，测量活塞磨损情况。

步骤 8　曲轴检查

（1）用水平仪测量曲轴水平度。

（2）用外径千分尺测量曲轴颈与曲柄销的椭圆度，检查轴颈的磨损情况。

步骤 9　润滑系统

油泵齿轮的配合间隙用塞尺进行检查。检查回油浮球阀、滤油器、油分配阀是否锈蚀损坏、是否附有污物。

步骤 10　安全弹簧和气阀弹簧

检查安全弹簧有无斑痕或裂纹；检查气阀弹簧有无损坏，弹性是否良好。

步骤 11　其他

（1）检查油冷却器是否漏水，吸气过滤器是否损坏、是否有阻塞。

（2）检查电动机输出轴与压缩机输入轴轴线的同轴度；检查压缩机基础螺栓和联轴器的紧固情况，联轴器塞销或橡胶套的磨损情况。

步骤 12　记录

对所有检查与调整项目详细记录，并整理归档。

三、注意事项

各处间隙按随机技术文件规定调整。

学习单元 3　主轴承、止推轴承、曲轴品质检查

掌握主轴承、止推轴承、曲轴等零部件的检查方法和要点

能够进行主轴承、止推轴承、曲轴等零部件的维修和更换

一、主轴承、止推轴承、曲轴等零部件的检查方法和要点

1. 主轴承

活塞式制冷压缩机的主轴承是曲轴的支撑件。主轴承直接与主轴颈接触，承受曲轴所传递的力。我国系列活塞式制冷压缩机的主轴承均采用滑动轴承，根据轴承孔座是整体式还是剖分式而分别具有轴套和轴瓦两种结构形式。主轴承的检测项目主要有主轴承内径、主轴承内表面圆柱度、主轴承内表面磨损情况。主轴承内径最小值与主轴颈外径的最大值之差为最小主轴承间隙，主轴承内径最大值与主轴颈外径的最小值之差为最大主轴承间隙。螺杆式制冷压缩机的主轴承安装在转子两端，承受转子的径向力。开启式螺杆制冷压缩机通常采用轴套式的滑动轴承，为圆筒结构。半封闭螺杆制冷压缩机通常采用双列角接触球轴承或圆柱滚子轴承。滑动轴承的检测项目主要有主轴承内径、主轴承内表面圆柱度、主轴承内表面磨损情况。推力角接触球轴承、双列角接触球轴承、圆柱滚子轴承需要检查有无以下情况：外圈和内圈有裂纹、磨痕，球有磨痕、凹凸不平，保持架有裂纹，保持架不能夹持球或滚子。如有以上任何一种情况，表明推力角接触球轴承已损坏，必须更换。

2. 止推轴承

螺杆式制冷压缩机止推轴承承受转子的轴向力。在工作时，气体会对转子

产生轴向作用力。为了保持转子的位置，在转子低压端使用止推轴承进行轴向定位。目前，止推轴承大多采用以承受轴向负荷为主的推力角接触球轴承。

3. 曲轴

曲轴是压缩机的重要运动部件，将活塞式制冷压缩机所需动力输入，并与连杆、活塞销、活塞一起将电动机构旋转运动转变成活塞的往复直线运动。除此之外，曲轴通常还能起到输送冷冻机油的作用，通过曲轴上的油孔，将油泵供油输送到连杆大头、连杆小头、活塞及轴承处，润滑各摩擦表面。曲轴一般用球墨铸铁（QT60–2）制成。在制冷压缩机中，曲轴有曲柄轴、偏心轴和曲拐轴三种类型。主轴颈同主轴承相配合，曲柄销同连杆大头轴瓦相配合，曲柄是主轴颈与曲柄销，或者两相邻曲柄销之间的连接体。曲轴上有两块平衡重，在工作时利用惯性力和惯性力矩来平衡运动件质量所引起的惯性力和惯性力矩，目的是减小压缩机的振动，同时可减轻主轴承上的负荷，并减少主轴承的磨损。曲轴的检测项目主要有主轴颈外径、主轴颈圆柱度、主轴颈表面、曲柄销外径、曲柄销圆柱度、曲柄销表面。检测的依据是压缩机使用维护说明书中易损件表或易损件图中的尺寸、尺寸公差和几何公差的规定。如所测尺寸和几何误差有一项超出了规定数值，或存在表面有磨痕、凹凸不平的情况，则必须更换。

二、主轴承、止推轴承、曲轴等零部件的维修和更换方法

1. 主轴承及止推轴承的维修和更换方法

以开启式螺杆制冷压缩机为例。

（1）吸、排气压力表和油压力表的指示均为常压后，才能拆卸。

（2）注意保护密封面，不能有划伤。

（3）转子与机体和吸、排气端座不能碰撞、刮、擦。

2. 曲轴的维修和更换方法

（1）卸载装置的推动杆退出后，才可用专用螺杆吊出缸套。

（2）多缸（4 缸及以上）压缩机卸下前盖与后盖之前，应在曲轴下面用木块支撑（木块从侧盖进入曲轴箱）。

（3）曲轴拉出方向的下方应垫上长的硬木头，并小心地移出曲轴。

（4）装入曲轴之前，先在曲轴箱内垫木块。

（5）拉出或装入曲轴时，主轴颈和曲柄销不能与机体碰撞、刮、擦。

操作技能 1

活塞式制冷压缩机主轴承、曲轴检修

一、操作准备

1. 工器具及材料

套筒扳手、梅花扳手、旋具各一套，扭矩扳手、钢丝钳和尖嘴钳各一把，安全电压照明灯具，润滑脂，油盘一个（清洗曲轴和主轴承用），棉布、棉丝一团。

2. 随机技术文件

仔细阅读压缩机的使用维护说明书，了解易损件表或易损件图中有关尺寸、尺寸公差和几何公差的规定。

二、操作步骤

活塞式制冷压缩机曲轴、主轴承检修是压缩机零部件拆卸操作的后续操作。

步骤 1　检查

检查并确认冷冻机油已放出，确认压缩机零部件拆卸操作已完成。

步骤 2　拆卸

（1）松开并取下前盖及后盖定位用的各个螺栓，并慢慢地卸下前盖与后盖。

（2）取出曲轴，小心地取下前盖、后盖的垫片。注意包好曲轴头，防止磕碰。

步骤 3　检测

（1）将曲轴置于相当于活塞处于上止点的位置。用外径千分尺在水平和垂直两个方向上测量主轴颈外径、曲柄销外径，并与易损件表或易损件图的尺寸、尺寸公差的规定相对照，两个方向测量值之差为圆柱度偏差，并与易损件表或易损件图的几何公差的规定相对照，有一项偏差过大即为不合格。

（2）用游标卡尺测量主轴承内径，并计算出圆柱度偏差，测量位置与曲轴相同，有一项偏差过大也为不合格。

（3）计算出最小主轴承间隙和最大主轴承间隙。

步骤 4　更换

如曲轴的主轴颈和曲柄销、主轴承尺寸偏差过大，不合格，则用备品更换。

如主轴承需要更换，则需将旧轴承从前盖与后盖上轻轻敲下，在新轴承外缘与前盖、后盖轴承孔内涂上一薄层冷冻机油，将新轴承与轴承孔对准后轻压到底。

步骤 5　装配

（1）装配前先要确认各零部件合格，将各零部件清洗干净，然后在各接触面薄薄地涂上一层冷冻机油。

（2）用润滑脂将前盖、后盖的垫片分别粘在前盖、后盖上。

（3）装入曲轴后，装上前盖与后盖，各用两个螺栓紧固。

步骤 6　试车

（1）用手盘动曲轴，检查其能否转动及转动时的阻力是否均匀，有无半圈松、半圈紧的现象。

（2）将曲轴推向前端，用塞尺在后端主轴颈肩和主轴承凸缘之间测量轴向间隙。

步骤 7　记录

将所测各尺寸和计算的圆柱度、间隙，以及零件损坏和更换情况记录在维修记录中。

三、注意事项

1. 拆卸时所拆下的每个零部件均应编码，所处位置和装配关系应标记。

2. 无论是拆还是装，即是松螺栓还是紧螺栓，都要对角交叉作业并分阶段进行。

螺杆式制冷压缩机主轴承、止推轴承检修

一、操作准备

1. 工器具及材料

内六角扳手、梅花扳手各一套，钢丝钳和尖嘴钳各一把，安全电压照明灯具，厌氧胶一管，润滑脂，手推液压升降叉车和钢丝绳，油盘一个，棉丝一团。

2. 随机技术文件

使用维护说明书。

二、操作步骤

步骤 1 隔离和检查

首先应将压缩机内的制冷剂抽空，将压缩机与系统隔离。对于氨或烷烃类制冷压缩机，抽空至吸气压力为真空状态，置放 4 h 后，压力应为 0.05 MPa 以下。对于卤代烃制冷压缩机，抽空至吸气压力为 0 ~ 0.05 MPa。然后切断电源，在控制柜上挂牌，确认断电后拆下电源和控制接线。

步骤 2 拆卸

（1）将联轴器压板和传动销轴拆下，再将飞轮推向电动机一侧。

（2）拆下吸、排气口的连接螺栓，并拆下吸气过滤器。

（3）拆开地脚螺栓，然后用手推液压升降叉车和钢丝绳将压缩机吊到修理位置。

（4）拆下轴端的压紧螺母，然后沿圆周均匀敲击联轴器的压缩机联轴块，将联轴块和半圆键取下。

（5）拆下能量指示器的帽盖，取下能量指示器组件。

（6）拆下吸气端盖，取出滑阀的油活塞。

（7）松开内六角螺栓，平行移出吸气端座并把平衡活塞和油缸取出。

（8）拆下排气端盖和轴封护圈，然后取出轴封组件。

（9）松开排气端座螺栓，在水平方向用两只吊环将机体拉出，拆下滑阀。

（10）使两转子处于垂直状态，下边放上垫木，拆出止推轴承，然后抽出主、从动转子。

（11）拆下排气端座上的轴承。

步骤 3 检测和更换

以 90° 为间隔，在两个方向测量主轴颈外径和主轴承内径，计算出圆柱度偏差和轴承间隙，并与易损件表或易损件图的几何公差的规定相对照，有一项偏差过大即为不合格。如主轴承尺寸偏差不合格，则用备品更换。

步骤 4 装配与测试

（1）将各主轴承按编号装入吸、排气端座内，将吸气端座的两个主轴承挡圈分别装上，在压入主轴承后查看是否变形，并测量主轴承内径与轴颈配合的间隙是否符合使用维护说明书的要求。

（2）在木块上垂直安放吸气端座，以此为底进行以下装配作业。

（3）在吸气端座与机体连接的平面上涂一薄层厌氧胶，吊起机体，使其呈垂直状装在吸气端座上，压入定位销后拧紧螺钉。

（4）装上滑阀组件，滑阀导向块（导向键）应按原方向装配，不得装反。

（5）将已装配部分水平放置。

（6）装上平衡油缸套和平衡活塞、油缸套和油活塞（包括密封圈和压板）。

（7）在吸气端座平面上放纸垫，涂润滑脂后装上吸气端盖，对好定位销并拧紧螺钉，然后装上能量调节指示器组件和帽盖。

（8）装上联轴器的压缩机联轴块，将压缩机吊到机座上。

（9）将压缩机联轴块与电动机联轴块连接起来。

（10）测量压缩机与电动机的同轴度。

（11）装上吸气过滤器和吸、排气口的连接螺栓。

（12）紧固地脚螺栓。

步骤 5　记录

将所测各尺寸和间隙，以及零件损坏和更换情况记录在维修记录中。

三、注意事项

1. 各型号螺杆式制冷压缩机的结构不同，拆卸步骤和要求也不同，应根据压缩机的特点进行拆卸。

2. 拆卸的步骤一般是由外到里，然后将部件拆成零件，对拆下的零件要有次序地放好，防止碰伤。

3. 在拆卸过程中，用力不应过大，对难以拆卸的零件，查明原因后再拆，以防损坏零件。

4. 对拆下的零部件应编码，标明方位，以防装错。

培训课程 2 维护保养辅助设备

学习单元 1　辅助设备品质检查

熟悉辅助设备的性能指标

了解设备的安全要求

掌握判断辅助设备是否需要更换的方法

一、辅助设备性能指标

在更换或增加制冷系统的热交换器及辅助设备时，要参考很多相关的技术资料，要考虑很多数据，特别是设备本身的技术参数，只有正确选择符合系统技术要求的设备才能有效发挥其技术性能。制冷系统的热交换器及辅助设备的技术参数包括很多方面，如几何参数、热交换器的换热量等。

1. 基本参数

热交换器有不同的形式，立式蒸发器可以分为直管式和螺旋管式，卧式蒸发器为卧式壳管式，蒸发式冷凝器按送风形式分为送风式与吸风式，空气冷却器分为吊顶式与落地式。

（1）型号及基本参数

在选择设备时，要注意设备型号和基本参数。设备型号的表示方法和基本参数可以参考有关标准，应根据系统要求选择。

1）氨用立式蒸发器的型号由大写汉语拼音字母和阿拉伯数字组成。例如，LZZ60–1 表示名义蒸发面积为 60 m^2、第一次改进型的直管式立式蒸发器；LZL90–2 表示名义蒸发面积为 90 m^2、第二次改进型的螺旋管式立式蒸发器。蒸发器的名义蒸发面积系列为：25 m^2、30 m^2、40 m^2、50 m^2、60 m^2、75 m^2、90 m^2、120 m^2、160 m^2、200 m^2、240 m^2、320 m^2、400 m^2、480 m^2。

2）氨用空气冷却器的型号由大写汉语拼音字母和阿拉伯数字组成。例如，D50–100W210G 表示风扇直径为 50 cm、换热面积为 100 m^2、采用水冲霜、风扇数量为 2、冷却器片距为 10 mm 的吊顶式空气冷却器。

3）氨用蒸发式冷凝器的型号举例。ZNS500–1 表示名义排热量为 500 kW、第一次改进型、送风式蒸发式冷凝器；ZNX200 表示名义排热量为 200 kW、吸风式蒸发式冷凝器。

2. 热工参数

设备的传热系数是在一定的工况下测定的，与传热温差、流体流速、污垢系数等工况有关，是与热交换效率相关的参数。例如，设计压力，包括制冷剂侧、载冷剂侧、冷却水侧的设计压力等；设计温度，包括融霜温度等；名义工况，包括蒸发温度、空气温度、冷凝温度、循环水量、风量等。

3. 技术要求

设备在制造、储存、运输等过程中有许多技术要求。

（1）设计条件

应注意设备的使用环境与工况，例如，冷凝器应有适合的水质才能保证其使用性能。

（2）材料

制造设备所用的材料应符合相关标准，特别是受压设备。因此在设备安装时应要求设备提供方出具材质证明书。

（3）零部件

1）设备的筒体、法兰、支座、管板、管子、管束等零部件的表面应平整、光滑，无氧化皮、斑点、挂瘤、污物等，应注意检查。法兰面应垂直于接管的主轴线，应水平或垂直安装法兰，其偏差不超过法兰外径的 1% 且不大于 3 mm，法兰螺栓孔应对称分布在主轴线两侧。

2）自动控制元件及浮球阀应密封、无泄漏，运行灵活、无卡阻。

3）安全附件如压力表及安全阀等应完好，附件有电加热管的应检查其固定措施及绝缘、导通情况。

4）附件有风机和泵的应专门进行检查。风机和泵应转动灵活、无卡阻，叶片无影响强度的缺陷，强度足够，旋转方向正确。搅拌机叶轮与导流筒间隙应均匀、不碰撞。

5）注意蒸发式冷凝器的挡水板、喷嘴、进风隔栅的质量，应无变形、扭曲和机械损伤，外形光洁、平整、美观。

6）水盘、框架等焊缝应平整、均匀、无脱焊，无翘裂、歪斜。平面度符合要求，防腐层完好。密封完好、无渗漏。

7）翅片表面不应有腐蚀、裂纹、明显刻痕及擦伤等缺陷，边缘无毛刺、飞翅，翅片与基管应紧密贴合无松动。

（4）加工情况

注意弯管的圆度误差不大于管子外径的15%，管子弯曲处的壁厚不小于直管处管壁厚的83%，管子无皱褶、压痕等缺陷。注意检查开孔的中心距及偏移允许偏差。有镀层的应注意其完整性。焊接表面不应有裂纹、气孔、弧坑、夹渣等缺陷，表面无飞溅物。

（5）绝缘电阻

有电动机附件的应测量接线端子的绝缘电阻，用500 V绝缘电阻表测量，在常温及80%相对湿度下，绝缘电阻值应不小于2 MΩ。

（6）耐压与气密性试验

与制冷剂接触的设备及其部件均应进行耐压与气密性试验。耐压与气密性试验一般要求液压试验压力按设计压力的1.25倍进行，气压试验压力按设计压力的1.15倍进行。试验中应无泄漏和零部件异常变形。

（7）清洁度

设备内部应清洁，杂质含量不超过800 mg/m^2。

（8）外观质量

外观目测应平整、清洁。漆件的油漆应光泽均匀、色泽一致，无明显气泡、流痕、底漆外露、皱褶和其他缺陷。镀件表面应光滑、色泽均匀，没有剥落、针孔明显花斑及划伤等缺陷。

（9）铭牌标志

在设备平整明显的部位应有固定的铭牌，铭牌上应标明的内容有制造单位及商标、产品名称、型号、出厂编号、出厂日期、风机及水泵功率、设计温度和设计压力、冷却面积、蒸发面积、制冷剂、风机风量与风压、融霜功率、总功率、防护等级、质量、制造日期、容积、排热量等，具体内容依设备种类、相关标准而定。

（10）出厂文件

出厂文件一般包括下列内容。

1）产品合格证。内容包括制造单位、公章及商标、产品名称、产品型号、出厂编号、检验结论、检验负责人签字、出厂日期、联系方式等。

2）产品说明书。包括产品名称、产品型号、用途及适用范围、规格及技术参数、结构及工作原理、安装及使用说明、外形尺寸图等。

3）维修说明书。

4）质量保证书。

5）装箱单。

（11）包装、储存和运输

接管口处应防锈及密封，组装法兰应用螺栓紧固、防锈、加盲板，储存于干燥、通风的场所，在运输时应加底座托架，防碰撞、防翻滚倾斜、防雨淋等，防护标志应明显。同时，还应配备一定数量的备品、备件及专用工具。

4. 热交换器及辅助设备布置

设备老化通常会进行更换设备的作业活动。由于热交换器及辅助设备种类繁多，特别是结构参数多变，技术要求比较严格，所以在安装作业时应按安装规程、标准要求及现场条件操作。在设备选型上应根据实际工况要求进行，必要时可以按设定参数计算。

（1）设备位置及布置设计

1）设备位置。设备位置是一项重要的考虑因素，应根据现场条件、设备及工艺要求按一定的原则选择。如蒸发式冷凝器的安装位置选择就应考虑空气流动问题。冷却塔需要大量的空气，而且要避免空气回流。含热量高的排出空气处于饱和状态，其湿球温度比周围空气高 5.6 ~ 8.4 ℃，有回流就提高了进风湿球温度，降低了冷却塔的冷却能力。有数据表明，湿球温度增高 1.1 ℃，冷却能力将降低 16%，出水温度将增高 0.8 ℃。回流严重的，进风湿球温度增高 2.8 ~ 3.3 ℃，甚至更多，冷却能力会降低 50% 以上。为使冷却塔正常运行，机组周围必须有足够的空间，可见位置选择的重要性。

2）设备布置设计。设备布置要遵循正确的布置准则，要考虑设备安装位置与现有建筑物、构筑物及其他设备的关系，只有正确的布置才能从根本上保证设备发挥其性能。如冷却塔的布置应考虑使新风能够自由进入机组，最大限度地减少空气回流。在进行布置设计时，要参考有关资料，查明现场及自然、社会条件，注意环境协调。主要考虑空间限制、周围建筑物及构筑物、现有机组情况，以及包括主导风向在内的气象水文地质资料、管道情况、今后扩建计划等，还要考虑安装、观测、拆卸检修、设备维修空间等。对于设备的具体布置，应参阅随机的设备布置说明书、设备安装说明书、有关图样、基础图等资料。

（2）设备布置实例

下面以蒸发式冷凝器安装为例，简述设备布置问题。

1）引风机组

①单台机组。主要考虑与周围建筑的关系，冷却塔最好安装在屋顶，如不可能，冷却塔顶部必须等高于或高于邻近的建筑物、构筑物。

②多台机组。多台机组安装更应考虑现场条件和可利用的空间，除了单台机组布置时需满足的要求外，多台机组布置时还应注意厂家根据排风速度和空气吸入面积推荐的机组之间及机组与周围墙体间的最小间距，安装时间距最好大于推荐值。间距一般由厂家推荐，注意参考随机的设备安装及布置说明书。

③大规模安装。众多的机组可能影响局部环境条件，大量的排气会使邻近区域的湿球温度高于环境湿球温度，特别是山谷、低凹地区和建筑物之间。要获得设备的最佳运行效果，应根据安装数量及形式，对照推荐的最小间距尽可能增加设备之间的实际最小间距。同时，应特别考虑主导风向及最热季节的风向。

④实心墙、围挡物或竖井内安装。由于位置的限制，机组有可能安装在竖井内或实心墙围挡内。此时各间距必须保证设备能够发挥应有性能。设备布置应保证空气能从四周均匀进入进风口，空气排出口必须高于周围墙顶。由于空气从上到下进入进风口，空气极易回流，为避免回流发生，向下进入竖井内的风速必须小于 2 m/s。风速计算式为机组风量除以有效竖井口面积。同时考虑检修及其他间距要求。格栅墙围挡物内的机组，要求进风口面向格栅，通过风速小于 3 m/s，格栅净空面积占 50% 以上。安装时，应先按竖井参数核算，假定空气全部由顶部进入，向下的风速如果小于 2 m/s，则可不考虑格栅面积。如果按上述假定计算向下风速大于 2 m/s，则必须假定空气全部由格栅进入，用机组总风量除以格栅净面积，计算所得风速必须小于 3 m/s，同时进风口至格栅的间

距必须大于 0.9 m。同时应考虑检修及其他间距要求。

2）送风机组。同样的道理，送风机组最好也安装在屋顶。如果不能实现，那么冷却塔顶部必须等高于或高于邻近的建筑物、构筑物。

①单台机组。如果冷却塔安装在靠近墙的位置，则最好的布置是使进风口远离墙。如果进风口必须面对墙或设备、管道等，则进风侧与面对的墙、设备、管道等之间的最小间距应参考厂家推荐值。如果不可能，间距可以减小 20%，但最小间距应大于 0.9 m，同时应加装锥形排风罩，可以加大空气流速，使回流减小。但是排风罩同时加大了外部静压，通风机因此会超载，必要时应提高通风机电动机的功率。排风罩高度至少为 0.9 m，出口风速保证为 6 ~ 9 m/s。

②多台机组。多台机组布置除了考虑机组数量、安装形式外，还要考虑现场原有设备、环境及主导风向等因素。两台机组应首选背靠背布置，也可以端部相对布置。但接口端面相对放置时应留有更大的空间以利空气流动、安装、维护等。三台及以上机组布置时，若进风口面对面布置，要保证进入机组的风速小于 3 m/s，考虑进风口之间的最小间距时，可参考厂家的推荐值。

③实心墙、围挡物或竖井内安装

a. 实心墙或竖井内安装。由于位置的限制，机组有可能安装在竖井内或实心墙围挡内。由于空气从上到下进入进风口，空气极易回流，为避免回流发生，向下进入竖井内的风速必须小于 1.5 m/s。排风口可以加装锥形排风罩，此时向下风速的最大允许值是 2.3 m/s。风速计算式为机组风量除以有效竖井口面积。同时考虑检修及其他间距要求。

b. 格栅墙围挡物内安装。格栅墙围挡物内的机组工作时，空气从竖井顶部、格栅或墙槽处进入。空气流动途径是沿程阻力最小的路径，此时，大部分空气从格栅吸入为最佳方案，要求进风口面向格栅，通过风速小于 3 m/s，格栅净空面积占 50% 以上。格栅位于竖井顶部时，排气区域严禁覆盖。

c. 室内安装。有可能存在室内安装的情况，此时应配置通风道，风道静压损失应小于 125 Pa。应适当增加电动机功率及风叶转速。房间作为通风道时，进入机组的风速应小于 4 m/s，进风口与其他设备的最小间距参考厂家推荐值，并考虑观测与维护等因素。风道应尽量减少转向，转向时的风道尺寸应按之前的 70% 计算。进风风速应小于 4 m/s，出风风速应小于 5 m/s，或遵守厂家推荐值。

3）检修空间问题。为方便地进行例行观测、维护、检修，空间预留遵守厂家推荐值，详细审核包括图样在内的随机技术文件，应考虑更换风机、电动机、水泵、轴承等的空间要求。

（3）管道配置

在大型多机组，特别是经改动的制冷系统中，经常发生因为管道配置不当导致的效率损失及其他运行问题。在安装与更换设备时，要选择一次性投资少、运行费用低、布置紧凑的方案。修改容器进出口接管、进行管道配置等，是特别关键的作业活动，要考虑的因素很多，如设备布置、工艺流程、管径、长度、坡度、压降、平衡、放空气、放油、排污、制冷剂流动速度、允许压力、气囊、液囊、阀门位置等，还要考虑检修、扩建、伸缩位移等，同时又要注意施工安全方面的问题。因此，在进行管道配置作业时应遵守规范、严守各项技术标准，正确设计、详细审核、安全施工。

下面以蒸发式冷凝器的安装为例来说明管道配置中应注意的问题。更多管道配置问题应参考厂家提供的设备管道配置说明书、制冷工艺等资料。

蒸发式冷凝器的配管主要包括从压缩机的排气端到冷凝器制冷剂进口端之间的管路和从冷凝器制冷剂出液口到贮液器进口端之间的管道。由于蒸发式冷凝器的制冷剂流程较长，通常会产生小的压降。小的压降对系统运行虽然无大的影响，但对配管有较大影响，特别是冷凝器出液口到贮液器的液体管路配置时更应慎重。配管原则如下。

1）单台冷凝器的管道配置。单台冷凝器的配管应遵循的原则是压缩机排气管的最高点安装放空气阀，垂直管段上应安装一个检修阀。从冷凝器出来的液体管在水平管段上安装放空气阀，且有 2% 的坡度坡向贮液器。在垂直管段上安装检修阀，且至少在水平管段下面 0.3 m 处。在贮液器上安装放空气阀和安全阀。

①排气管。压缩机排气管的尺寸根据压缩机与冷凝器之间的设计压降允许值选择。每 30 m 管路当量长度的允许压降相当于损失 0.56 ℃的冷凝温度。对于紧密相连的系统，在 0.56 ℃冷凝温度损失的基础上选择管路尺寸时，可忽略压缩机排气端压力与冷凝器进口端压力之间的压差。如果排气管路很长，应按更大的压力降来确定管路尺寸，在选择压缩机与冷凝器时必须考虑实际的压力损失。

②出液管。配置冷凝器出液口到贮液器的液体管路时，首先考虑液体能依据自身重力自由流入贮液器，其次要考虑管道尺寸设计。管路中没有存液弯时

应按满负荷时液体制冷剂流速小于 0.5 m/s 来设计管路尺寸。排液管朝向贮液器方向应设计 2% 的坡度，以利液体流动。这样可保证贮液器中的压力与冷凝器盘管出口处的压力平衡，使从冷凝器出来的液体自由地流入贮液器。管路中有存液弯时，由于不能通过排液管保证贮液器与冷凝器盘管出口处之间的压力平衡，所以需要在贮液器顶部到冷凝器盘管出口之间另外连接一条平衡管。此时出液管内只有液体制冷剂流动，管径可以适当减小，但流速应小于 0.76 m/s。蒸发式冷凝器的出口接口尺寸相对于设计负荷和制冷剂通常过大。如果在设计负荷下液体速度不超过 0.5 m/s 或 0.76 m/s，允许在连接管路中减小排液管的尺寸。建议变径在垂直管段进行。管路压降按 0.5 m/s 和 0.76 m/s 的流速作为满负荷时的最大制冷剂流速来确定出液管尺寸，才能得到最佳排热量和最低排气压力。

2）多台冷凝器的管道配置。多台蒸发式冷凝器与一台贮液器相连的系统，管道配置的要求更为严格，应保证冷凝器在不同的工况下运行稳定，同时获得最大的排热量。

①排气管对称连接。为了平衡每台冷凝器的气体压降，压缩机朝向冷凝器的排气配管应尽可能对称连接。对两台及两台以上的蒸发式冷凝器或蒸发式冷凝器与其他类型冷凝器一起运行的系统，可按最大的液体流速 0.76 m/s 来选择排液管的垂直管段和液体集管。单个垂直管段通过 P 形存液弯与在贮液器上方的液体集管相连接。液体集管的容积应与垂直管路中的液体容积相等。垂直管路按 0.76 m/s 的流速确定尺寸，液体集管按 0.5 m/s 的流速确定尺寸，且有 2% 的坡度坡向贮液器。

②存液弯问题。配管最重要的问题是冷凝器与贮液器之间的液体管路的连接方式。对于多台冷凝器系统，必须在每个冷凝器盘管的排液管道的垂直管段上设一个存液弯来平衡冷凝器盘管出口压力的压差。在垂直管路上设置存液弯，冷凝器盘管出口压力的不同会由垂直段变动的液位高度来校正，这样就不会把液体逼进冷凝器盘管中，避免运行效率降低。存液弯上面的垂直管段高度必须足以使液体压头等于冷凝器可能遇到的最大压降。对氨系统来说，垂直液体管路高度建议为 2 m，对于其他系统建议为 4 m 或参考厂家推荐值，这是在正常设计条件下、合理范围内满负荷运行的最小立管高度，实际应根据冷凝器盘管的最大冷凝压力降确定。如果检修阀安装在冷凝器盘管的进口和出口处，相当于阀门上压降的制冷剂液柱高度也要增加到推荐的最小立管高度上。系统采用

在贮液器底部进液的方式时，高度从贮液器中的最高液位起计算。在较低的温度环境中，冷凝器的传热能力有所增加，因此可关闭部分冷凝器，剩下的部分冷凝器就能承担压缩机的满负荷运行。这样，运行中的冷凝器中通过的制冷剂流量将增大，经过冷凝器盘管及其连接管道的压力降就会比通常条件下加大，同时，低温使冷凝压力大大降低，较低的气体密度也将增大压力降。为减少系统能耗，提高冷凝器运行效率，如有可能，应把出液立管做得更高，可比推荐高度增加 50%。

③蒸发式冷凝器与壳管式冷凝器并联布置。壳管式冷凝器的配管压降很小，只需把壳管式冷凝器放在贮液器的上方，保证液体流动即可，其垂直出液管段的高度可以很小，有的厂家推荐值仅为 305 mm。

3）平衡管。冷凝器中的液体应全部排入贮液器中，以免滞留在冷凝器的盘管内而减少有效冷凝面积。贮液器用于储存液体制冷剂，调节由于工况变化而引起的制冷剂量的波动。由于环境温度变化等原因，贮液器内可能有气体冷凝或液体闪发，冷凝器也可能运行不正常，这些潜在的不稳定状况危害很大。平衡管用来解除这些潜在的不稳定状况。例如，冷凝温度为 32 ℃，而贮液器放在 38 ℃的设备间，此时贮液器内就有液体闪发和潜在的压力升高。为使液体能从冷凝器中自由地流入贮液器，贮液器内的压力必须与上游管段压力平衡。单台冷凝器盘管出液管未设存液弯且管径适当，流速不超过 0.5 m/s 时，出液管本身能起到平衡作用。如果单台冷凝器盘管设有存液弯，则平衡管应接到冷凝器盘管出口处的出液管上或者接到冷凝器入口处的排气管上。如果是接到排气管上，垂直管中液体的高度应足以抵消冷凝器盘管的压力降。多台冷凝器并联，平衡管应从贮液器接至排气管处距各冷凝器进口的对称位置。不能把平衡管接到多台冷凝器的出液口处，这样做等于取消了存液弯，会把制冷剂液体逼入出口压力最低的冷凝器中。

4）不凝性气体排放问题。管道配置时应安装放空气接口，及时排除系统中的不凝性气体，这是冷凝器和制冷系统减少运行费用的重要环节。不凝性气体会受多种因素影响而进入并聚集在制冷系统内，如拆卸检修、没有彻底抽空、低压侧的运行压力低于大气压力导致漏气、使用含不凝性气体的劣质制冷剂、油和制冷剂的化学裂变等。不凝性气体的存在会使冷凝压力升高，这些气体不断聚集，冷凝压力不断升高，从而增大功耗。有资料显示，氨系统含有 2% 的不凝性气体时，在冷凝温度为 30 ℃、吸气温度为 –15 ℃时运行，可使冷凝压力增加 21 kPa，使输入功率增加 2.5%。系统运行时，不凝性气体进入冷凝器，高度集中在冷凝器的出口处，以及贮液器中。当系统关闭时，不凝性气体趋向于系统的高处集结，通常在靠近冷凝器进气口的排气管中部或上部。因此应在这些地方设置放空气接口，单独安装阀门，此处放空气管可以不接到空气分离器。当系统停止运行时可在此处放空气，但应注意遵守操作规程。

5）管道配置其他问题。管道配置时还要考虑其他众多问题，如下所述。

①管道应有膨胀、收缩和振动的余地，不要出现液囊、气囊等缺陷。

②制冷剂阀门安装在水平管段上时阀杆要处于水平位置。

③多台压缩机并联的氨系统，各个压缩机的排气管一般先连接到一根总排气管，再接到冷凝器。其他系统的多台压缩机可以单独自成回路，也可以几台压缩机共用一个适宜的回油系统。

④由于冷凝器盘管中充满了液体制冷剂，在阀门关闭时易发生事故，环境温度异常导致的制冷剂压力变化也会破坏冷凝器盘管，因此冷凝器上应安装安全阀。

⑤使用直角阀时必须安装正确、阀孔开足，其中液体的流动阻力要与普通弯头中的保持相同。

二、设备安全要求

保证制冷系统操作人员、生产运行、消防、储存物品等方面的安全，特别是防止氨制冷系统发生泄漏事故是安全工作中的重要工作之一。

1. 造成制冷系统发生事故的主要原因

（1）制冷系统的安装不符合规范要求，给生产运行埋下了隐患。

（2）操作人员技术水平低，责任心不强，违反操作规程，造成事故。

（3）在进行制冷系统更新改造时，方案制定得不合理，作业时发生事故。

（4）对制冷系统未制定应急预案，一旦发生事故，抢救不及时造成重大损失。

2. 安全措施

（1）做好安全监督

要做好制冷系统施工过程的安全监督工作，建立健全责任制度，责任到人，实行过程管理。

（2）做好安全检查

按要求进行作业前的安全技术交底工作，制定各项应急预案。

（3）注意施工机械和临时用电安全

对施工机械应制定各项使用、维护制度，排除安全隐患，按规程使用维护。施工机械应证书齐全。如电动机具应保证“一机一闸一保护”，电源线牢固、绝缘及接地完好，不私拉乱扯。行灯电压不超过 12 V。

（4）注意环境因素识别

加强宣教工作，文明施工，搞好环境卫生。保护环境，落实各项环保措施，遵守国家法律、法规。

（5）做好消防、保卫工作

认真执行动火制度，明火作业应严格审批。对易燃、易爆、有毒材料应注意妥善储存。保证消防、抢险器具完备。

（6）制定各项防护措施

包括隔离系统时的阀门启闭、盲板挂牌、标记、记录等，保持有限空间的出、入口畅通，配备一定数量的呼吸器、防毒面具、药具等，做好作业监护工作，强制通风，实行工作票制度，作业前检查及对气体取样分析等。

安装、改造、大修完工后必须经主管部门、安全及消防部门、卫生及环保部门进行竣工验收，合格后才能投入运行。

三、辅助设备更换的判断方法

1. 辅助设备的失效

零件丧失规定的功能称为失效，即零件不能完成规定功能，不能可靠和安全地继续使用。零件失效形式较多，按失效件的外部形态特征来分，主要有磨损、变形、断裂、腐蚀损伤等形式。

（1）磨损

有相对运动的零件表面发生尺寸、形状和表面质量变化的现象称为磨损。

（2）变形

零件在外力的作用下，产生形状或尺寸变化的现象称为变形。过量的变形是机械失效的重要类型，同时也是判断韧性断裂的明显征兆。

（3）断裂

零件发生局部开裂或分裂成数部分的现象称为断裂。

（4）腐蚀损伤

金属零件与周围介质产生化学或电化学反应造成表面材料损耗、表面质量破坏、内部晶体损伤，导致零件失效的现象称为腐蚀损伤。

零部件最主要的失效形式是零件工作表面的磨损失效，最危险的失效形式是断裂失效，即瞬间出现裂纹和破断。

2. 辅助设备零件磨损的形式与原因

（1）磨损的形式

零件的磨损从广义上讲就是辅助设备的磨损，符合设备磨损的定义。零件磨损分为有形磨损与无形磨损。

有形磨损是指设备在使用或闲置的过程中所发生的实体上的磨损或损失，又称“物质磨损”或“物理磨损”。有形磨损又可以分为第一种有形磨损和第二种有形磨损。第一种有形磨损是指设备在运转过程中因受力的作用，零件发生摩擦、振动和疲劳等现象，致使设备实体产生的磨损。可分为三个阶段：第一个阶段是新的或大修理后的机器设备发生较多的“初期磨损”阶段；第二个阶段是磨损量发生较少的“正常磨损”阶段；第三个阶段是磨损量增长较快的“剧烈磨损”阶段。第二种有形磨损是指设备在闲置过程中，由于受自然力的作用而产生的氧化生锈、腐蚀、自然丧失精度和工作能力等。设备有形磨损在技术方面会使设备的使用价值降低，严重时甚至可使设备完全丧失使用价值；经济方面会使设备原始价值的部分降低，甚至完全贬值。

无形磨损是指固定资本由于劳动生产率的提高而引起的价值损失，又叫作精神损耗。根据劳动生产率提高所造成的不同影响，固定资本的无形损耗又分为两种：一种是由于生产完全同类的劳动资料的劳动生产率提高，从而造成了原有固定资本价值的下降；另一种是由于出现了更为低廉的替代品，从而引起了原有固定资本价值的贬损。

（2）磨损的原因

引起有形磨损的主要原因是生产过程中的使用。通常表现有如下几个方面。

1）零件的原始尺寸改变甚至形状也发生变化。

2）公差配合性质改变。

3）零件损坏。

在此种有形磨损的作用下，零件的精度发生变化，公差配合劣化。磨损到一定程度就会使设备的运转费用剧增。有形磨损达到比较严重的程度时，设备便不能继续正常运行，甚至还会发生事故。自然力的作用是造成有形磨损的另一个原因，由此而产生的第二种有形磨损与生产过程的作用无关。设备闲置或封存也同样产生有形磨损，这是由于机器生锈、密封件及零部件老化等原因造成的，时间长了会自然丧失精度和工作能力。

3. 零部件磨损的分类

（1）磨料磨损

磨料磨损是常见的、危害性最大的磨损，其磨损速率和磨损强度很大，可使辅助设备的使用寿命大大降低，能源消耗增大。磨料磨损的特点是：磨损表面具有与相对运动方向平行的细小沟槽或螺旋状、环状、弯曲状细小切屑及部分粉末。磨料磨损的原因是磨料颗粒的机械作用，一种是磨粒沿摩擦表面进行微量切削的过程，另一种是磨粒使摩擦表面层受交变接触应力作用，使表面层产生不断变化的密集压痕，最后由于表面疲劳而剥蚀。磨粒的来源有外界沙尘、切屑侵入、流体带入、表面磨损产物、材料组织的表面硬点及夹杂物等。

（2）黏着磨损

构成摩擦副的两个摩擦表面，在相对运动时接触表面的材料从一个表面转移到另一个表面所引起的磨损叫作黏着磨损。黏着磨损可以分为轻微磨损、涂抹、擦伤、撕脱以及咬死等多种类型。产生原因是摩擦副在重载条件下工作，因润滑不良、相对运动速度高、摩擦等原因产生的热量来不及散发，摩擦副表面产生极高的温度，材料表面强度降低，使承受高压的表面凸起部分相互黏着，在相对运动中被撕裂下来，进而使材料从强度低的表面转移到强度高的表面上，造成摩擦副的灾难性破坏，如咬死或划伤。

（3）疲劳磨损

疲劳磨损是摩擦副材料表面上局部区域在循环接触应力作用下产生疲劳裂纹，由于裂纹不断扩展并分离出微片和颗粒的磨损形式。根据摩擦副之间的接触和相对运动方式，疲劳磨损分为滚动接触疲劳磨损和滑动接触疲劳磨损两种。疲劳磨损的过程就是裂纹产生和扩展的破坏过程。

（4）腐蚀磨损

在零件相互摩擦过程中，金属与周围介质发生化学反应或电化学反应，引起金属表面的腐蚀产物剥落，这种现象称为腐蚀磨损，是黏着磨损、磨料磨损等相结合形成的一种机械化学磨损。腐蚀磨损是一种极为复杂的磨损过程，经常发生在高温或潮湿的环境中，更容易发生在有酸、碱、盐等特殊介质的条件下。根据腐蚀介质类型和特性的不同，通常将腐蚀磨损分为氧化腐蚀磨损和特殊介质下腐蚀磨损两大类。

（5）微动磨损

两个固定接触表面由于受相对小振幅振动而产生的磨损称为微动磨损，主要发生在相对静止的零件接合面上。微动磨损是一种兼有磨料磨损、黏着磨损和腐蚀磨损的复合磨损形式。微动磨损集中在局部范围内，两个摩擦表面不脱离接触，磨损产物不易往外排出，磨屑在摩擦面起磨料的作用。因摩擦表面之间的压力使表面凸起部分黏着，黏着处被外界小振幅引起的摆动所剪切，剪切处表面易被氧化。微动磨损的主要危害是配合精度下降，过盈配合部件紧度下降甚至松动，连接件松动乃至分离，严重时可能引起事故。

4. 零部件磨损的规律

（1）设备使用合理，加强维护，可以延长零部件正常使用阶段的期限，提高经济效益。

（2）对设备进行定期检查，应在进入急剧磨损之前进行修理，以免设备遭到破坏。

（3）正常磨损阶段的磨损量与时间成正比，所以可以通过试验或统计方法计算出正常条件下的磨损率和使用期限。

5. 辅助设备修理、更换的决定因素

对失效辅助设备的修理和更换，直接影响制冷机维修的质量、内容、工作量、成本、效率和周期等。

（1）零件对设备精度的影响

辅助设备零件磨损后影响设备精度，如主轴、轴承等基础件磨损将使压缩机技术状态严重下降，这时就应该修理或更换。一般零件的磨损未超过规定公差时，若能使用到下一修理周期可不更换。若用不到下一修理周期或会对精度产生影响并且拆卸不便的，应考虑修理或更换。

（2）零件对完成预期使用功能的影响

当设备零件磨损到不能完成预期的使用功能时，如润滑系统不能达到预期的油压和油压分配，应考虑修理或更换。

（3）零件对性能和操作的影响

当零件磨损到虽能完成预期的使用功能，但影响到了设备的性能和操作时，如运行噪声增大、平稳性差和零件间相互位置产生偏移等，均应考虑修理或更换。

（4）零件对效能的影响

零部件磨损后压缩机效能下降，如阀片表面击伤、活塞环磨损等，使压缩机窜气、工况劣化。应按实际情况决定修理或更换。

（5）零件对强度和刚度的影响

零件磨损后，强度下降，继续使用可能会引起严重事故，这时必须修换。压缩机的主要承力件，若发现裂纹必须更换。一般零件，由于磨损加重，间隙增大，会导致冲击加重，应从强度角度考虑修理或更换。

（6）零件对磨损条件恶化的影响

磨损零件继续使用可引起磨损加剧，导致效率下降、发热、表面剥蚀等现象，引起运动件卡住或断裂等事故，这时必须修理或更换。如渗碳或氮化的主轴承轴颈磨损，失去或接近失去硬化层，就应修理或更换。

在确定零部件是否应修理或更换时，应首先考虑零件对整台设备的影响。

6. 辅助设备修理应满足的要求

对于失效的辅助设备零件，在保证设备精度的前提下，能修理的修理，要尽量减少更换新件。对失效零件进行修理，可节约材料、减少配件的加工、减少备件的储备量，从而降低修理成本和缩短修理时间。

失效辅助设备零件的修理还是更换，受众多因素影响，应当综合分析。修理辅助设备应满足多方面要求。

（1）准确性

辅助设备零件修理后，必须恢复零件原有的技术要求，如零件的尺寸公差、几何公差、表面粗糙度、硬度等。

（2）安全性

修理的辅助设备必须恢复足够的强度和刚度，必要时要进行强度和刚度验算。

（3）可靠性

辅助设备修理后的预期使用寿命至少应能维持一个修理间隔期。

（4）经济性

失效辅助设备是修理还是更换，应考虑修理的经济性，修理辅助设备应在保证维修质量的前提下降低修理成本。比较修理与更换的经济性时，要同时比较修理、更换的成本和使用寿命。当相对修理成本低于相对新辅助设备成本时，应考虑修理。

（5）可能性

修理工艺的技术水平是选择修理方法或决定辅助设备修理、更换的重要因素。一方面应考虑现有的修理工艺技术水平能否保证修理后达到零件的技术要求，另一方面应不断提高修理工艺技术水平。

（6）时间性

失效辅助设备采取修理措施，其修理周期一般应比重新制造周期短，否则应考虑更换新设备。但对于一些大型、精密的重要辅助设备零件，一时无法更换新件的，尽管修理周期可能较长，也要考虑修理。

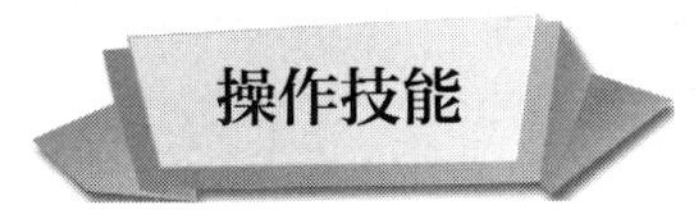

辅助设备更换

一、操作准备

1. 工器具及材料

套筒扳手、梅花扳手、旋具、钢丝钳、尖嘴钳、直尺、线绳、擦机布、水平尺、试验阀组、能可靠接在排放口上的胶管、割管器、胀管器、焊接设备与材料、无损探伤设备、起重搬运器械、脚手架、防护用品、灭火器、管材、支吊架、方木或软木、防腐保温材料、阀门、管件及配件等。

2. 随机技术文件

在工作开始前应熟悉技术资料及施工方案，了解工作要求和工作内容。检查设备及零配件的规格、型号、数量、外观、材质证明书、出厂合格证与随机技术文件，逐项做好记录。

二、操作步骤

步骤 1　隔离设备

（1）关闭相关的检修阀并挂牌，进行抽真空作业。对于氨或烷烃类制冷系统，抽真空至真空状态，置放 4 h 后，压力应为 0.5 MPa 以下。对于卤代烃制冷系统，抽真空至压力为 0 ～ 0.5 MPa。

（2）彻底把设备与系统隔离，并划定出施工范围，设置警示标志，提醒无关人员不要靠近，禁止火种。

步骤 2　拆除

（1）如有水源、电源，首先切断水源、电源，在有关部位、控制柜上挂牌，确认后拆下电源和控制接线等。

（2）松开法兰（或放空气阀等），如果仍有较强的制冷剂气味或制冷剂排出声音，人员应位于上风处用排风扇排风，直至确认设备内已无制冷剂存在。

（3）动火作业应加强防护，以免点燃设备内残存的油类。

（4）压力容器拆除后应以合适的方式销毁，避免重新使用。

（5）起重搬运应进行专项作业，以免发生危险。

（6）由于空间位置的需要，可能需土建方配合，拆除建筑物、构筑物时应加强安全保护，必要时进行受力核算。

步骤 3　安装

（1）安装应按有关规范进行

1）按图样放线，正确确定设备位置。

2）设备安放应垂直、无偏斜与扭转，卧式设备可略微倾斜向放油端。固定应牢固可靠，要考虑运行时的受力方向。做好防振处理，穿越墙时应加套管。较高建筑物顶的设备应安装避雷设施。

3）有绝热要求的注意做好绝热，比如放置各种形式的垫木，避免形成“冷桥”。

4）按接口规格选择接管，应按要求进行退火、清洁处理，焊接时遵守焊接规程，应尽量减少管路长度与弯头，管路要保证水平与垂直，排列分布对称、均匀，注意坡度与压降要符合工艺要求，认真处理集油弯问题。

（2）其他注意事项

安装时还应注意以下问题。

1）排气管应坡向油分离器或冷凝器。氨或烷烃系统，坡度应为 0.3% ~ 0.5%，卤代烃系统，坡度应为 1% ~ 2%。排气的上升立管最好布置在油分离器以后，防止停机回油、回制冷剂。

2）压缩机低于冷凝器且无油分离器时，冷凝器应高于压缩机 2.5 ~ 3 m。

3）氨系统吸气管坡向低压循环桶或气液分离器，坡度为 0.1% ~ 0.3%。卤代烃系统吸气管坡向压缩机，坡度为 1%，注意 U 形弯的设置。当蒸发器高于压缩机时可以考虑增加倒 U 形弯设置。当蒸发器低于压缩机时，吸气管路布置应加 U 形弯。

步骤 4　试验

按随机技术文件、操作规程及安装要求进行排污、试压、充注制冷剂试验，进行各项试运行。

步骤 5　记录

详细记录工作过程，与试压等试验记录一并归档。

三、注意事项

1. 每项工作开始之前，应向参加作业的人员进行作业与安全交底，讲清要做什么工作和工作步骤，同时，讲清安全要求及防护措施。

2. 制冷剂、冷冻机油、胶黏剂、保温材料等废弃物严禁随意排放至空气、水体、土壤中，应进行专项处理。禁止焚烧可燃物。

学习单元 2　辅助设备大修方案

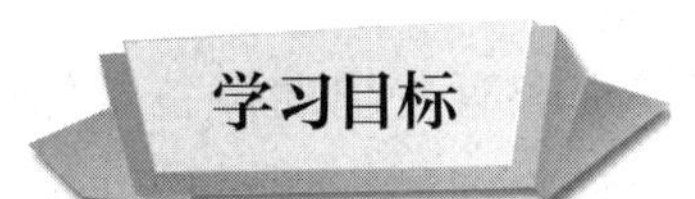

能够明确辅助设备更换清单

能够制定辅助设备大修方案

一、辅助设备更换清单的确定方法

制冷系统的运行寿命取决于运行状态、维护情况，制冷机组设计和制造的运行寿命在 15 年以上，条件是按照维护保养要求进行经常性维护和定期更换易损件。在记录制冷设备每日运转状态和定期检查时的拆开情况时，运行管理人员应该清楚理解下列事项。检查项目有哪些？间隔多长时间检查一次？检查目的是什么？检查方法是什么？检查结果如何判断？对不符合要求的情况如何处理？由谁负责处理？

辅助设备的检验内容分为修前检验、修后检验和装配检验。修前检验在压缩机拆卸后进行，对已确定需要修复的辅助设备，可以根据辅助设备损坏情况及生产条件确定适当的修复工艺，并提出修理技术要求。对报废的辅助设备，要提出需要补充的备件型号、规格和数量，没有备件的需提出辅助设备图样或进行测绘。修后检验是指检验辅助设备加工后或修理后的质量，是否达到了规定的技术标准，以确定是成品、废品还是返修品。装配检验是指检查所有待装辅助设备的质量是否合格、能否满足装配技术要求。在装配过程中，要对每道工序进行检验，避免中间工序不合格而影响装配质量。组装后，要检验累积误差是否超过装配技术要求。机械设备总装后要进行试运转，检验工作精度、几何精度及其他性能，以考查修理质量是否合格，同时进行相应调整。通过多种检测方法对辅助设备的检查测量，同时根据相互配合的辅助设备特殊要求进行相应的特殊试验，如高速运动的平衡试验、弹性件的弹性试验以及密封件的密封试验等，能对辅助设备的技术状态做出全面、准确的鉴定。通过分析、检验和测量，可以将辅助设备划分为可用的、需要修理的和报废的三类。

1. 可用的辅助设备

可用的辅助设备所处技术状态仍能满足规定要求，不经任何修理可直接进行装配。

2. 需要修理的辅助设备

需要修理的辅助设备所处技术状态已超过规定要求。有些辅助设备虽然通过修理能达到技术要求，但费用高、不经济，通常不修理而直接换用新辅助设备。

3. 报废的辅助设备

当辅助设备所处技术状态（如材料变质、强度不足、精度超差等）超过规定要求且无法修复时，应做报废处理。

二、辅助设备大修方案的制定方法

制冷系统的维护保养工作并不复杂，但必须严格、认真地进行。应有计划地进行定期保养，以确保系统安全可靠运行，防止事故发生，延长设备使用寿命。维护保养有预防管理和故障维修两种。预防管理就是为使系统保持良好的运行状态，进行定期检查和保养。为了进行预防管理，可以参照制造厂家的使用说明书及有关技术资料，编制详细管理计划表，有计划、有目的地对制冷系统进行维护保养。故障维修就是对系统发生故障的部位进行修理。设备大修程序如下所述。

1. 制定大修方案

制定合理、可行的大修方案是制冷系统大修改造得以顺利进行的前提。需大修的系统，设备陈旧老化、管道腐蚀比较严重，极易发生事故。大修改造时一般还要正常生产，为保证既不停产，又能使改造工作得以顺利完成，且在大修、改造的过程中不发生事故，必须制定合理的、切实可行的改造、大修方案，这是进行设备更新改造的前提。

（1）制定依据

大修方案的制定依据主要包括文件与资料、法律与法规、现场环境与条件等方面。

1）计划文件。主要包括大修意图与要求，如工期、质量、预算要求、资源配置等。

2）设计文件。如施工图样及标准图、技术数据计算资料等。

3）合同文件。

4）基础资料。如环境、场地条件、水文气象资料、地质勘测报告、地形图等。

5）有关标准、规范和法律。

6）类似作业的资料与经验，如技术新成果等。

（2）方案内容

根据实际情况及大修程序，大修方案的内容主要如下所述。

1）大修任务概况与任务要求。主要介绍施工项目的特点、现场特征与条件、有关要求等，这是依据方面的内容。

2）大修工作领导小组及其分工。成员应由熟悉本制冷系统的技术人员、操作人员、主管领导组成。明确安全与环境管理、质量管理、进度管理、资源管理、试运行管理、内外协调管理、资料管理等人员及其任务。

3）任务部署及拟定的施工方案。这是对大修工作的全面安排、总体计划。对于一般制冷系统的大修、改造一般包括以下内容。

①拟大修系统的抽空方案。可采用本系统的压缩机进行抽空，明确说明抽空部位的阀门关闭和开启状态、抽空的时间、制冷剂的去向。如果利用空气置换系统内的残余制冷剂气体，应确定空气进口的位置。

②旧设备的拆除方案。制冷系统的大多数设备都是压力容器，应明确指出旧的压力容器在拆除时要现场解体，做报废处理，不能再次使用。拆除时由于设备中可能积存一些冷冻机油、制冷剂，应拟定具体的防护措施。

③新设备的安装方案。包括设备的吊装方法、新管线的连接工艺、气密性试验、连通系统试运行等。

④总进度计划。是施工部署在时间上的安排。

⑤准备工作计划与资源需求计划。准备工作计划是大修服务工作的具体安排。资源需求计划是劳动力、材料、设备、机械等方面的具体安排。

⑥作业平面布置图。合理布置临时设施与拟改造设备，是施工部署在空间上的体现。

⑦拟定质量、环境和安全技术措施。如对焊接、探伤、高处作业及不确定的天气因素采取必要的防护措施。根据经验教训，防患于未然。

⑧拟定容易发生事故的作业项目（如起重吊装工程、脚手架工程、焊接、压力试验、制冷剂充注等）的安全专项施工方案。

2. 选择施工单位

按照《特种设备安全监察条例》的要求，从事制冷系统安装的单位必须具备相应安装资质，因此必须选择具备制冷设备及管道安装资质的队伍来施工。施工人员包括焊工、无损检测人员、电工、制冷操作工等，且必须持证上岗。施工所需的设备、工具和检测仪器必须有产品合格证，在法定计量检定有效期内。

3. 制定详细的施工组织方案

施工组织方案主要包括以下几点。

（1）施工概况

说明作业特点、施工期限、施工条件等。

（2）准备工作

制定大修目标、组织机构及有关岗位责任制。如列出准备工作一览表，各项准备工作的负责单位、配合单位及负责人，完成日期及保证措施等，包括安全设施准备、应急预案制定等。

（3）施工部署与施工方案

如任务分工、施工方案、施工设备、技术措施等，以及起重吊装、脚手架等安全专项施工方案。

（4）进度计划

进度计划主要是指施工日期、程序安排，以及各专业工程穿插配合情况等。

（5）总平面图

施工现场（施工区、安全区、材料区、生活区）用地划分，道路、供水、供电等。

（6）主要原材料和施工机具等资源需求计划。

4. 办理开工许可

《特种设备安全监察条例》规定，特种设备安装、改造、维修的施工单位应当在施工前将拟进行的特种设备安装、改造、维修情况书面告知直辖市或所设区市的特种设备安全监察管理部门，告知后即可施工。告知的目的是便于特种设备安全监察管理部门审查施工单位资质及其活动是否合法，安装的设备是否为合法生产、改造，安装、改造、维修方法是否会降低设备安全性能，掌握设备安装与改动情况，便于安排现场监察和检验工作。未经许可不可擅自进行安装、改造、维修活动，否则会受到相应的处罚。

5. 选择制冷设备及材料

制冷设备和制冷管材是制冷系统的主要组成部分，在选择制冷设备时，必须选择具备相应压力容器设计、制造资质的单位的产品，不能只考虑价格因素而选择没有资质的单位生产的产品。在选择制冷管材时，应选择符合《输送流体用无缝钢管》（GB/T 8163—2018）要求的产品，应根据最低工作温度选择钢号，管道的设计压力应选择表压 25 MPa。相应附件应采用专用阀门与配件，其公称压力不应小于表压 25 MPa。材质证明等资料应齐全。

6. 设备、管道的安装

要严格按照设计图样、制冷系统安装工程施工及验收相关规范进行。

（1）做好防腐保温

制冷管线防腐保温是非常重要的工作，直接关系到制冷系统的使用寿命和安全。除锈防腐应严格按施工验收规范进行，对防腐材料应严格把关，对表面处理应严格要求。管线的保温一般采用现场发泡，外包铝壳或镀锌板，保温材料要与制冷管线黏合密实，防止漏气造成管线腐蚀。保温材料应符合规定要求。

（2）吹扫与压力试验

1）系统排污。制冷系统管道安装完毕，应用表压 0.8 MPa 的压缩空气对系统进行分段排污，在距排污口 300 mm 处以白色标志板检查，无污物排出后再吹扫 5 min。在排污前应对系统的仪表、安全阀等加以保护，将电磁阀、止回阀的阀芯以及过滤器的滤网拆除。排污结束后应拆卸可能积存污物的阀门，将其清洗干净后重新组装。

2）系统试压。排污合格后用干燥的压缩空气进行试压。试验用压力表不少于两块，精度不低于 1.5 级，满刻度为被测最大压力的 1.5 ~ 2 倍，在检定有效期内。要求高压侧 1.8 MPa、中低压侧 1.2 MPa，保压 6 h 开始记录压力表读数，经 24 h 后检查压力表读数，变化不应大于试验压力的 1%。超过上述规定时，应检查漏点，做好标记，泄压后进行补焊。然后再试压，直至合格为止。系统试压可采用空气或氮气，严禁采用氧气或其他易燃气体试压。

3）系统抽真空。试压合格后要进行真空度试验，系统压力抽空至 –0.1 MPa，小型系统保持 24 h 无变化，大、中型系统 24 h 后压力回升不超过 5 mmHg 为合格。合格后进行系统充注制冷剂试验，试验压力为 0.2 MPa。吹扫与压力试验合格后可以按机组要求充注制冷剂，系统压力升至 0.5 MPa 时，暂停充注，再次检漏。充注量达到要求的 80% 时，停止充注，试运行后视运行情况补充。

7. 试运行

设备单体试运行后，且系统中制冷剂、冷冻机油都已按要求充加后进行制冷系统的试运行。试运行按程序进行。

8. 工程验收

工程验收是保证施工质量的重要手段，应组织好工程的验收工作，不符合规范要求的必须整改，工程是否通过验收直接影响到施工单位的经济利益，关系到制冷系统是否能安全、正常运行。

9. 回访与保修

对交付使用的系统应进行回访与保修，保证系统正常运转，总结经验教训。回访应编制计划，明确要求。回访方式主要有季节性、技术性、巡回性等。回访要求认真做好记录、写出纪要，发现缺陷要积极、及时处理，超过保修期的应妥善协商。对投诉应耐心解释和答复，认真调查分析，尽快、积极、耐心解决问题。保修应明确责任范围、时间、工作程序等。检查、修理、验收应按规定程序进行。保修证书中应注明工程简况，设备使用管理要求，保修范围与内容，保修期限，保修情况（空白），保修说明，保修单位名称、地址、联系方式、联系人等。

确认可用、需修和报废辅助设备

一、操作准备

有关工器具及材料、记录单。

二、操作步骤

步骤 1　清洗

清洗是修理工作的重要环节。清洗方法和清洗质量对辅助设备鉴定的准确性、维修质量、维修成本和使用寿命等均有重要影响。辅助设备的清洗包括清除油污、锈层、水垢、积炭、旧涂装层等。油污常用擦洗的方法，是将辅助设备放入装有煤油、柴油或化学清洗剂的容器中，用棉纱擦洗或用毛刷刷洗。表面锈蚀必须彻底消除，主要采用机械、化学和电化学等方法除锈。清除辅助设备表面的保护涂装层，可以根据涂装层的损坏程度和保护涂装层的要求进行全部或部分清除。

清除方法一般是采用手工工具，如刮刀、砂布、钢丝刷或手提式电动工具、风动工具进行刮、磨、屑等。有条件的可以采用配制好的有机溶剂、碱性溶液退漆剂等。

步骤 2　测量

应用前述测量方法、测量工具按技术标准对各个辅助设备的零部件进行仔细测量。必要时进行动平衡试验、弹性试验以及密封试验。

步骤 3　确认可用、需修和报废辅助设备

分析检验检测结果，综合考虑各个因素，将辅助设备划分为可用的、报废的和需要修理的三类，并分别列出备件型号、规格和数量。

步骤 4　记录、报告

记录检测过程、结果，登记作业人员，作为维修档案的组成部分。提出辅助设备维修、更换报告，为下一步工作提供决策依据。

三、注意事项

工作场所要通风、禁火，接触化学物品的操作者要穿戴防护用品。作业后，要将手洗净，以防中毒。使用碱性溶液退漆剂时，不要与铝制零件、皮革、橡胶、毡质零件接触，以免腐蚀损坏，操作者要戴耐碱手套，避免皮肤接触受伤。

制定辅助设备大修方案

一、操作准备

随机技术文件：大修任务文件、设计文件、技术数据、计算资料、自然条件资料、现场条件资料、资源资料、法律与法规、标准规范、合同文件、类似作业经验资料等。

二、操作步骤

步骤 1　查阅技术文件与资料，掌握大修意图与要求

通过查阅相关资料与技术文件，熟悉相关情况。明确大修意图与要求，如工期、质量、预算要求、资源配置等。

步骤 2　编写技术要求与进度安排

编写任务概况，介绍大修特点，说明现场特征与条件及有关的技术要求。在拟定施工方案后提出进度计划，做好时间安排。

步骤 3　提出资源需求

资源需求计划是各种资源在施工时间上的需求体现，是劳动力、材料、设备、机械等方面的具体安排，与进度计划密切相关，必须在进度计划确定后提出资源需求。

步骤 4　提出质量要求

保证质量是大修任务的主要目标，应根据质量体系标准要求明确质量目标与实现过程，这是质量控制的依据，应对质量计划、质量监控与质量验收提出要求。

步骤 5　提出安全、环保措施

施工过程的安全、环保工作很重要，应根据职业健康、安全与环境体系标准、法律与法规提出安全、环保措施，结合以往的经验教训做出具体要求，做到有备无患。对于危险性较大的施工作业，应拟定作业项目的安全专项施工方案。明确安全检查内容，制定必要的应急预案。

步骤 6　形成报告

充分讨论，进行技术经济分析比选，优化方案，以形成最佳方案。

步骤 7　上报

按规定程序上报相关部门审批，获得批准的方案才能生效。

三、注意事项

大修方案的内容应力求详尽。大修方案是指导拟进行的制冷系统改造活动的技术经济文件，是对整个大修任务的部署安排，涉及范围广，概括性强，是用于指导施工准备和运用施工力量开展施工活动的总体计划。因此，应重视大修方案的编制，力求编制科学、详细、操作性强的大修方案。

职业模块 4 运行管理

培训课程 1　制冷系统运行管理

学习单元 1　制冷设备技术管理知识

学习单元 2　制冷设备安全管理知识

学习单元 3　应急预案基本知识

学习单元 4　制冷系统运行原始数据分析

学习单元 5　设备台账的建立

学习单元 6　设备维修档案的建立

学习单元 7　制冷系统节能运行与管理基本知识

培训课程 2　环境保护与管理

学习单元 1　制冷系统噪声处理措施

学习单元 2　制冷系统污水处理措施

学习单元 3　制冷系统中制冷剂的回收利用

学习单元 4　制冷系统中润滑油的回收利用

学习单元 5　制冷系统中余热的回收利用

培训课程 1 制冷系统运行管理

学习单元 1 制冷设备技术管理知识

学习目标

了解制冷设备运行管理知识
了解制冷设备技术管理知识
能够编制制冷系统运行方案

一、设备运行管理知识

制冷设备运行管理的主要内容包括：制定科学的管理制度和相应的规程标准；正确、合理地使用设备，加强设备的维护、检查工作；掌握设备缺陷与劣化情况，采取消除和控制措施；积累设备检查修理过程中的经验，确定合理的维护方案或更新策略，改进设备的运行状态。

1. 管理制度和规程标准

首先，要建立设备管理规章制度。主要包括设备的维护保养、检查、计划维修、故障管理等规章制度、考核办法及工作的内容、形式与流程等。

其次，要制定设备运行管理的工作标准。主要包括设备操作规程、维护保养规程、检修规程及状态检查与监测规程等。设备使用、维护规程是根据设备用途、维护说明书和生产工艺要求制定的，是用来指导操作使用和维护设备的制度。一般按照设备在生产、运营中的地位、结构及使用和维护难度，将设备划分为重要设备、主要设备和一般设备三个级别，以便于规程的编制和设备的分级管理。每台设备都应有完整的使用、维护规程；新投产的设备，应在设备投产前 30 天制定出使用、维护规程，并下发执行；采用新工艺、新技术时，在改变工艺前 10 天，应根据设备新的使用、维护要求对原有规程进行修改，以保证规程的有效性。

最后，要对标准与制度不断进行完善，提高设备运行管理的水平。在执行规程中，发现规程内容不完善或有缺陷时，要及时增补或修改。

2. 设备的使用、维护与检查

要认真执行设备操作规程与维护制度。按规程操作设备、正确合理润滑设备、精心维护设备。严格贯彻执行设备的安全运行规程、环境保护要求及定期预防试验等规定。

（1）设备使用规程

设备使用规程主要包括以下方面。

1）技术性能和允许的极限参数，如最大负荷、压力、温度、电流等。

2）交接使用的规定。连续运转的设备，岗位人员交接班时必须对设备运行状况进行交接，内容包括设备运转的异常情况、润滑情况、原有缺陷变化、运行参数的变化、故障及处理情况等。

3）操作设备的步骤，包括操作前的准备工作和操作顺序。

4）紧急情况处理的规定。

5）安全注意事项。非本岗位操作人员不得操作本机，任何人不得随意拆除或放宽安全保护装置限值范围等。

6）设备运行中故障查询及排除的规定等。

（2）设备维护规程

设备维护规程主要包括以下方面。

1）示意图、原理图及主要零部件图。

2）设备润滑“五定”图表和要求。设备润滑“五定”图表的内容是：定点，规定润滑部位、名称及加油点；定质，规定每个加油点润滑油脂的牌号；定时，规定加、换油时间；定量，规定每次加、换油数量；定人，规定每个加油点、换油点的负责人。

3）定时清扫的规定。

4）运行中常见故障的排除方法。

5）设备主要易损件的报废标准。

6）安全注意事项。

设备使用过程中的各项检查要求包括路线、部位、内容、标准状况参数、周期（时间间隔）、检查人等。检查人应严格执行设备检查制度，按照设备的检查点和检查路线进行巡回检查，包括设备的日常检查、主要设备的定期性能检查和定期精度检查，掌握设备的技术状态信息。定期进行设备完好状态检查、精度检测、压力容器检测、监视及测量设备检测等。采用多种有效诊断技术进行状态检测，及时掌握设备的实际运行状态，为设备的安全运行及维护提供准确信息。

3. 设备缺陷与劣化的消除和控制

若设备存在缺陷，岗位操作和维护人员能排除的应立即排除，并在日志中详细记录。同时精心操作，加强观察，注意缺陷的发展。岗位操作人员无力排除的设备缺陷，要详细记录并逐级上报。

未能及时排除的设备缺陷，必须研究决定如何处理。要及时排除或进行有计划的维修，以控制和减少故障发生。在安排处理每项缺陷前，必须有相应的措施，明确专人负责，防止缺陷扩大。对突发故障（包括事故）应按照规定进行分析处理和抢修，并做好记录。

4. 设备检查修理档案

所有设备均可按设备的技术状况、维护状况和管理状况分为完好设备和非完好设备，并分别制定具体考核标准，考核设备的综合完好率，生产设备必须完成技术状况指标。要分别制定出年、季度、月度设备综合完好率指标，落实到岗位。

建立设备运行管理的原始数据库，包括设备的能力指标、精度指标和运行特征等原始性能指标、有关技术特性指标、设备技术状态信息特征参数指标等。

对一般隐患或缺陷，检查后要记入检查表，并按时传递给相关人员。维修人员进行设备点检，要做好记录，安排处理，将信息传递至相关人员，并统一汇总。

要搜集各种检查记录资料，如日常维修资料、故障修理资料及其他修理记录资料等。将各方面的巡检结果按日汇总整理，列出当日重点问题向相关部门汇报。相关部门应列出主要问题，除登记台账外，要进一步检查落实。应对资料进行统计、整理和分析，探索缺陷及故障原因和规律，以便拟定维修对策，综合管理。

二、设备技术管理知识

设备是企业生产运营活动中不可缺少的、长期使用的机器、设施、仪器和机具等物质资源。设备技术管理是指从技术层面对设备进行管理，为企业生产、运营提供保障。随着科学技术的发展，企业规模日趋大型化、现代化，设备的结构、技术更加复杂，设备技术管理工作越来越重要。

1. 目的与意义

设备管理的目的是用技术上先进、经济上合理的装备，采取有效措施，保证设备高效率、长周期、安全、经济地运行，从而保证企业获得最好的经济效益。只有技术有保证，才有利于企业取得良好的经济效果，如在大型生产装置中，一台压缩机出现故障往往会导致全系统生产中断，损失通常是巨大的。

设备技术管理的目的和意义在于控制设备技术状态，根据对其检测、诊断的结果，采取预防措施，尽早排除设备存在的隐患和故障征兆，控制和降低设备故障率，使设备经常保持在良好状态，从而降低维修费用，减少停机时间，提高设备有效利用率。搞好设备技术管理对一个企业来说，不仅是保证简单再生产必不可少的条件，而且对提高企业生产技术水平和产品质量、降低消耗、保护环境、保证安全生产、提高经济与社会效益、推动社会发展有极为重要的意义。

2. 内容

设备技术状态管理是设备技术管理工作的重要内容。设备技术状态的好坏决定企业生产经营活动能否正常进行。设备技术状态不仅为保持正常的生产秩序提供基本保证，并且通过大量生产实际所取得的各种技术、经济信息，为设备全系统管理提供分析、决策的依据。所以，设备技术管理始终是以技术状态管理为主要内容展开的。设备技术管理水平的高低，也总是以设备技术状态管理为主要内容来体现的。

（1）设备技术状态

由于设备使用期在设备使用寿命中是一个较长的过程，因工作对象、工作环境、工作负荷的不同，设备的磨损程度会有很大的差异。因此设备技术管理具有明显的动态特性，这种动态特性决定了它的复杂性、技术性和系统性。设备的状态是指设备所具有的性能、精度、生产效率、安全、环境保护和能源消耗等方面的技术状态。企业设备是为满足某种生产对象的工艺要求而配备的。设备的技术性能及其状态体现着它在生产经营活动中存在的价值和对生产的保证程度。

设备在使用过程中，由于生产性质、加工对象、工作条件及环境条件等因素的作用，使其在设计制造时所确定的工作性能或技术状态不断降低或劣化。设备在实际使用中通常处于以下三种技术状态：

一是完好的技术状态，指设备性能处于正常可用的状态；

二是故障状态，指设备的主要性能已丧失的状态；

三是处于上述两者之间，即设备已出现异常、缺陷，但尚未发生故障，也可称为故障前状态。

（2）设备技术管理的主要工作

为延缓设备劣化的过程，预防和减少故障发生，使设备处于良好的技术状态，设备技术管理的主要工作有以下几方面。

1）熟练掌握技术，正确操作，合理使用设备，加强学习先进科学技术。

2）清扫、维护、润滑、检查、调整。

3）更换零部件。

4）状态检测、故障诊断。

5）操作规程与管理制度的制定与执行，明确目标与方法。

6）做好检查、维修原始记录。

7）积累各项原始数据，进行统计分析，探索故障的发生规律。

8）采取有效措施控制故障的发生，保持设备的状态良好。

9）熟悉相关知识。制冷系统主要是为各种生产工艺或人工环境服务的，因此应对与服务对象有关的知识有一定的掌握。为保证生产，诸如自动控制、食品冷冻冷藏、生物技术、辐射安全、人工环境、气候与环境、地理与人文、运输设备、仓储及安全、化工及制药工艺、食品与饮料生产工艺、食品安全、特殊物品（疫苗、文物等）贮藏、材料实验研究、低温技术、工程经济、组织管理等方面的相关知识必须熟悉。表 4–1 列出了冷库冷藏食品的贮藏温度和贮藏期，是食品冷库供冷所必须掌握的食品冷藏知识，可供参考。

表 4–1　冷库冷藏食品的贮藏温度和贮藏期（参考）

序号	食品名称	含水量（%）	冻结点（℃）	比热容［kJ/（kg·K）］		冻结潜热（kJ/kg）	贮藏容积（m³/t）	贮藏温度（℃）	贮藏相对湿度（%）	贮藏期天（月）
				高于冰点	低于冰点					
1	苹果	85	−2	3.85	2.09	280.52	0.75	−2	85~90	（2~7）
2	苹果汁		−1.7				0.75	4.5	85	（3）
3	杏子	85.4	−2	3.68	1.93	284.70	0.75	−2.1	78~85	7~14
4	杏子汁						0.75	0.5	75	（6）
5	龙须菜	94	−2	3.89	1.93	314.01	0.73	0~2	85~90	21~28
6	咸肉（初腌）	39	−0.7	2.14	1.34	130.63	0.94	−33	90~95	（4~6）
7	腊肉（熏制）	13~29		1.26~1.80	1.21~1.76	41.87~92.11		15~18	60~65	（8~16）
8	香蕉	75	−1.7	3.35	1.76	251.21	1.5	11.7	85	14
9	干蚕豆	13	−1.7	3.35	1.00	41.87	0.75	0.7	70	（6）
10	扁豆	89		3.85	1.97	297.26		1~7.5	85~90	8~10
11	甜菜	72	−2	3.22	1.72	242.83		0~1.5	88~92	7~42
12	啤酒	89~91	−2	3.77	1.88	301.45	0.62~10.6	0~5		（6）
13	大白菜	85		3.85	1.97	284.70		0~1.5	90~95	21~28
14	黄油	14~15	−2.2	2.30	1.42	196.78	0.5	−9	75~80	（6）
15	酪乳	87	−1.7	3.77			0.94	−0.6	85	（1）
16	卷心菜	91	−0.5	3.89	1.97	305.64	1.6	0~1	85~90	（1~3）
17	胡萝卜	83	−1.7	3.64	1.88	276.33	0.8	0~1	80~95	（2~5）
18	芹菜	94	−1.2	3.98	1.93	314.01	0.94	−0.6	90~95	（2~4）
19	干酪	46~53	7.8	2.68	1.47	167.47	0.5	−11.5	65~75	（3~10）
20	樱桃	82	−4.5	3.64	1.93	276.33	1.6	0.5~1	80	7~21
21	栗子						1.3	0.5	75	（3）
22	巧克力	1.6		3.18	3.14		0.6	4.5	75	（6）
23	奶油	59		2.85		192.59	0.75	0~2	80	7
24	蛋黄				1.05	20.93		1.5	极小	（6）
25	黄瓜	96.4	−0.8	4.06	2.05	318.20	0.75	2~7	75~80	10~14

续表

序号	食品名称	含水量（%）	冻结点（℃）	比热容［kJ/（kg·K）］		冻结潜热（kJ/kg）	贮藏容积（m^3/t）	贮藏温度（℃）	贮藏相对湿度（%）	贮藏期天（月）
				高于冰点	低于冰点					
26	葡萄干	85	−1.1	3.22	1.88	280.52	0.94	0	75~80	（14）
27	椰子	83	−2.8	3.43	0	0	0.75	4.5	75	（12）
28	鲜蛋	70	−2.2	3.18	1.67	226.09		−1.5	80~85	（8）
29	蛋粉	6		1.05	0.88	20.93	0.69	2	极小	9
30	冰蛋	73	−2.2	0	1.76	242.83		−18		（12）
31	鲜鱼	73	1	3.43	1.80	242.83	1.25	−4.5	90~95	7~14
32	干鱼	45		2.34	1.42	150.72	0.75	−9	75~80	（3）
33	冻鱼						0.81	−8	90~95	（8~10）
34	果脯	30		1.76	1.13	100.48		0~5	70	（6~18）
35	冻水鱼							−8	80~90	（6~12）
36	干大蒜	74	−4	3.31	1.76	247.02		0~1	75~80	（6~8）
37	谷类							−12	70	（3~12）
38	葡萄	82	−4	3.56	1.84	272.14	0.94	−4	85~90	（1~4）
39	火腿	47~54	−0.5	2.43~2.64	1.42~1.51	167.47		0~1	85~90	（7~12）
40	冻火腿							−6	90~95	（6~8）
41	冰激凌	67		3.27	1.88	217.71	1.87	−10	85	14~84
42	果酱	36		2.01			0.81	1	75	（6）
43	牡蛎	80	−2.2	3.52	1.84	267.96		0	90	（20）
44	猪头	46		2.26	1.30	154.91	0.5	−18	90	（12）
45	韭菜	88.2	−1.4	3.77	1.93	293.08		0	85~90	（1~3）
46	柠檬	89	−2.1	3.85	1.93	297.26	0.94	5~10	85~90	（2）
47	莴苣	94.8	−0.3	4.02	2.01	318.20		0~1	85~90	（1~2）
48	对虾	76		3.39				−7	80	（1）
49	玉米	73.9	−0.8	3.31	1.76	247.02		−2	80~85	7~28
50	柑橘	86	−2.2	3.64			0.94	1~2	75~80	（1~3）
51	甜瓜	92.7	−1.7	3.94	2.01	305.64		2~7	80~90	7~56

续表

序号	食品名称	含水量（%）	冻结点（℃）	比热容［kJ/（kg·K）］		冻结潜热（kJ/kg）	贮藏容积（m^3/t）	贮藏温度（℃）	贮藏相对湿度（%）	贮藏期天（月）
				高于冰点	低于冰点					
52	牛奶	87	−2.8	3.77	1.93	288.89	0.75	0~2	80~95	7
53	奶粉							0~1.5	75~80	（1~6）
54	羊肉	60~70	−1.7					0	90	10
55	冻羊肉						0.62	−6	80~85	（3~8）
56	干坚果	3~6	−7	0.92~1.05	0.88~0.92	10.05~18.42	1.25	0.2	65~75	（8~12）
57	菜油	14.4~15						1~12		（6~12）
58	洋葱	87.5	−1	4.14	1.93	288.89	0.94	1.5	80	（3）
59	橘子	90	−2.2	3.77	1.93	288.89	0.94	0~1.2	85~90	56~70
60	梨	83	−2	3.77	1.93	280.52	0.75	0.5~1.5	85~90	（1~6）
61	梨干	10		1.17	1.76	322.38	0.75	0.5	75	（6）
62	青豌豆	74	−1.1	3.31	0.92	247.02	0.81	0	80~90	7~21
63	干豌豆						0.75	0.5	75	（6）
64	青菠萝		−1.5				0.81	10~16	85~90	14~28
65	菠萝	85.3	−1.2	3.68	1.88	284.70	0.81	4~12	85~90	14~28
66	李子	86	−2.2	3.68	1.88	284.70	0.81	−4	80~95	21~56
67	冷鲜猪肉	35~42	−0.5	2.01~2.26	1.26~1.34	125.60		0~1.2	85~90	3~10
68	冻猪肉							−6	85~95	（2~8）
69	土豆	77.8	−1.8	3.43	1.80	259.58	1.25	3~6	85~90	（6）
70	冷鲜禽肉	74	−1.7	3.35	1.80	247.02	0.62	0	80	7
71	冻禽肉	60		2.85			0.62	−20	80	（3~12）
72	南瓜	90.5	−1	3.85	1.97	301.45		0~3	80~85	（2~3）
73	冷鲜兔肉	60	−1.7	3.35	0	0		0~1	80~90	5~10
74	冻兔肉	60		2.85			0.69	−12	80~90	（6）

续表

序号	食品名称	含水量（%）	冻结点（℃）	比热容［kJ/（kg·K）］		冻结潜热（kJ/kg）	贮藏容积（m^3/t）	贮藏温度（℃）	贮藏相对湿度（%）	贮藏期天（月）
				高于冰点	低于冰点					
75	白萝卜	93.6	−2.2	3.98	2.01	309.82	0.81	0~1	85~95	14
76	大米	1	−1.7	1.09			0.75	5~10	65	（6）
77	腊肠							−9	85~90	7~21
78	菠菜	92.7	−0.9	3.94	2.01	305.64		0~1	90	10~14
79	杨梅	90	1.3	3.85	1.97	301.45		−2	75~85	7~10
80	糖	0.5		0.84	0.84	167.47		7~10	<60	（12~36）
81	糖汁（听装）	36	2.2	2.68			0.62	1	80	42
82	西红柿	94	−0.9	3.98	2.01	309.82		1~5	85~90	7~12
83	大头菜	90.9	−0.9	3.89	1.97	301.45	0.81	0~1	90	（1~4）
84	西瓜	92.1	−1.6	4.06	2.01	301.45		2~4	75~85	14~21
85	葡萄酒						0.75	10	85	（6）

三、设备运行方案的主要内容

1. 设备运行状态分析

（1）收集资料、积累资料

收集资料、积累资料即积累数据，也称为数据管理。

1）占有数据。要做好原始数据的记录和统计工作，原始记录是生产活动的原始数据，统计是对生产活动的原始数据及有关技术经济指标进行统计和分析。原始数据记录和统计要求准确、全面、及时、清楚。技术情报工作和各种反馈资料也是数据来源之一。情报工作要求全面、及时，反馈资料要求准确、真实。

2）处理、传递、储存数据。处理数据要去伪存真，传递数据要迅速准确，储存数据要完整无遗。为此，企业要建立数据库及数据管理制度，有条件的企业应建立数据网络。

3）运用数据。占有、处理和储存数据的目的在于运用数据。运用数据的方法十分广泛，现代企业需应用现代数学方法、科学的企业管理方法以及电子计算机技术来处理数据以适应快速发展的科学技术。

（2）整理、分析资料

及时对原始记录及统计数据进行整理，详细分析设备运行状态，全面掌握设备的润滑、维护、调整、日常维修、状态监测状况，以对设备的精度、性能、效率等有足够的把握。结合生产需求、安全、成本、技术、环境等因素提出分析报告，探索设备运行规律，为运行决策提供科学依据。

2. 运行模式

在现代化大生产中，企业应保持其设备应有的功能、精度和自动化水平，充分发挥其效能。先进的装备技术仅仅是企业生产的一个基本条件，是物质技术基础，要使之转化为生产力，发挥出最大的效能，必须对其施行科学、系统的严格管理，而这种管理是以科学、完善的管理组织模式做保障的。对企业来说，设备是硬件，而管理模式和管理手段是软件。同样的道理，设备运行模式是设备技术管理的重要组成部分。

科学、高效的设备运行模式是确保设备管理方针目标实现的重要保障。设备运行模式包括人员配备的问题，管理组织层次的简洁和精干是实现高效的前提，能够减少工作传递的阻力，有效降低管理成本。要保证各级组织明确自己在实现设备管理方针目标时所处的地位和必须发挥的作用，明确责任、权利和义务。充分发挥管理层面与操作层面的功能和作用，使设备管理方针目标效益最大化。同时，完善的设备管理组织协调和动态管理机制是实现设备管理方针目标效益最大化的动力。设备运行模式优秀与否是一个相对的概念，当前的适应不能代表将来的适应，当前的先进显然也不能代表将来的先进，因此要适应不断变化和发展的条件，围绕提高效率，健全和完善内部协调控制机制，及时处理接口关系，解决各种问题；不断适应发展的需要，使设备运行模式最大限度地趋于合理和完善。

具体到某一制冷装置的运行模式，应综合考虑安全生产、生产需求与负荷、设备状态、环境与季节、节能降耗、峰谷电价、人员配备、保运要求、综合成本控制、法律与法规等要求，进行合理安排。

对于一台设备的运行，通常有自动、手动运行，本地、远程控制，连续、智能运转，模块化运行等运行模式，可以根据生产情况设定。而对于大型装置，则要编制运行方案，拟定多种运行模式及应急方案，对运行模式、人员配备进行统筹安排，以求设备经济、合理运行。

【案例 4-1】

某车间的中央空调运行模式

1. 机组运行情况

空调制冷时间为 08：00—18：00。根据不同需求，如加班需要，制冷机组可延时运行。主要热负荷时间在 10：00—16：00，这是制冷机组的运行高峰期，这一时段负荷加大，两台制冷机组可同时运行以满足需求。08：00—10：00，负荷较小，但需提前半小时开机，开启新风系统预冷。16：00 以后由于发热设备的逐渐减少和日照的减弱，可以根据负荷情况停止一台制冷机组，单机、单泵、单塔运行，直至供冷时间结束。

2. 值班人员的注意事项

（1）机组在较小负荷运行时，运行参数变化较大。值班人员应密切注意，根据负荷情况和机组出水、回水温度，实时调整开机台数及参数。

（2）注意巡视新风机组、末端风机盘管、辅助设备等，发现缺陷及时维护。

3. 人员配置

根据运行模式和运行特点，拟定以下几种值班方案，可以根据季节变化调整安排。

（1）运行人员 8 人，分成 4 班，每班 2 人。工作时间为四班三运转，白班时间为 08：00—20：00，夜班时间为 20：00—次日 08：00。工作范围包括制冷机房的设备运行、冷却塔的巡视、空调水系统的巡视、新风机组的巡视及故障检修、末端风机盘管的维修。在过渡季可倒成常白班，对系统及设备进行保养维护。此方案值班人员的工作任务包括空调运行、维修的所有工作，值班人员可以独立完成空调制冷运行值班、维修工作，但人员多，人工成本较高，不利于成本的控制。

（2）运行人员 6 人，分成 3 班，每班 2 人。工作时间为三班倒，即每班工作时间为 12 h。工作范围包括制冷机房的设备运行、冷却塔的巡视、空调水系统的巡视、新风机组的巡视及故障检修。在过渡季可倒成常白班，对系统及设备进行保养维护。末端风机盘管由工程维修人员负责维修。此方案值班人员减少，部分检修工作可以由工程维修人员负责或配合完成，但工作时间较长，不符合劳动法的有关规定，员工接受难度较大。

（3）运行人员5人，常白班两人，工作时间为周一至周五08：00—17：00。夜班3人，分为三班，三班两运转，时间为17：00—次日08：00，前夜、后夜各一人。白班工作范围包括制冷机房的设备运行、冷却塔的巡视、空调水系统的巡视、新风机组的巡视及故障检修。夜班负责制冷机房的设备运行、冷却塔的巡视、辅助设备的巡视、早晚开关机。末端风机盘管的检修由工程维修人员负责。此方案整体安排工程部人员力量，白班负责日常的空调运行工作，以及区域内的设备故障处理；夜班整合夜班维修值班人员，在早上开机时或出现故障时配合空调运行人员完成工作。此外，夜间空调运行时间短，设备处于停机状态，值班人员可做一些清扫等可独立完成的工作。过渡季节夜班值班人员可以倒为常白班与工程维修人员一起参与设备检修和保养工作。这样既保证了中央空调系统的正常运行，又可合理安排员工的作息时间。

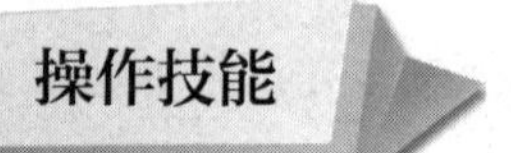

编制制冷系统运行方案

一、操作准备

1. 查看原始记录

查看各种原始记录，收集资料与数据。

2. 了解生产负荷

进行各方沟通，了解生产或服务需求。

二、操作步骤

步骤1　设备运行状态分析

对收集的数据进行统计整理，详细分析现有设备的技术能力、运行状态，全面掌握设备的润滑、维护、调整、日常维修、状态监测状况，对设备的精度、性能、效率等要有足够的把握。结合生产需求、安全、成本、技术、环境等因素做出分析。

步骤 2　拟定设备运行方案

在综合考虑安全生产、生产需求与负荷、设备状态、环境与季节、节能降耗、峰谷电价、人员配备、保运要求、综合成本控制、法律与法规等要求后，拟定设备运行方案，对设备运行进行合理安排。设备运行方案的内容可包括设备运行模式，应急方案，人员配备（值班时间、保运安排、倒班安排等），负荷及工况调整方案等。

步骤 3　设备运行方案优化

人员与设备按拟定的运行方案投入试运行，在运行中及时对人员的适应性、运行成本、经济社会效益等问题进行分析考核，积极对运行方案进行调整、优化，做到设备运行经济、合理、高效。

步骤 4　形成文件

经过不断优化的、切实可行的、符合生产与服务要求的运行方案，可以作为正式方案，报经职能部门批准、执行。

三、注意事项

编制运行方案要科学、严谨，根据实际情况进行不断优化后方可报批。

学习单元 2　制冷设备安全管理知识

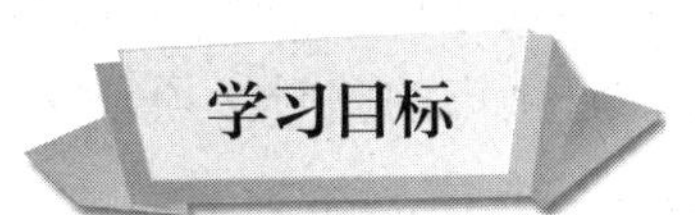

了解制冷设备安全管理知识

了解质量管理体系

能够实施制冷设备安全检查

一、安全管理知识

安全生产管理是做好安全生产工作的基础。安全生产是国家法律、法规、标准对生产经营活动提出的基本要求。安全生产是为了使生产过程在符合物质条件和工作秩序下进行的，防止发生人身伤亡和财产损失等生产事故，消除或控制危险、有害因素，保障人身安全与健康、设备和设施免受损坏、环境免遭破坏的生产行为的总称。

安全生产管理就是针对人们在生产过程中的安全问题，运用有效的资源，发挥人们的智慧，通过人们的努力，进行有关决策、计划、组织和控制等活动，实现生产过程中人与机器设备、材料、环境的和谐，达到安全生产的目标。

安全生产管理的目标是减少和控制危害，减少和控制事故，尽量避免生产过程中由于事故造成人身伤害、财产损失、环境污染以及其他损失。安全生产管理包括安全生产法制管理、行政管理、监督检查、工艺技术管理、设备设施管理、作业环境和条件管理等。

安全生产管理的基本对象是企业的员工，涉及企业中的所有人员、设备设施、材料、环境、财务、信息等各个方面。在长期的生产经营活动中，人们总结制定了一系列安全生产管理制度，主要包括（不限于）以下所列的各种安全生产管理制度：安全生产责任制度、安全教育制度、安全检查制度、安全措施计划制度、安全监察制度、伤亡事故和职业病统计报告处理制度、“三同时”制度、职业健康安全预评价制度。

1. 安全生产责任制度

（1）安全生产责任制度是最基本的安全生产管理制度，是所有安全生产管理制度的核心。安全生产责任制度明确规定了各级、各部门、各岗位人员在安全生产方面的责任，具体体现为：纵向方面是各级各类人员的责任，横向方面是各个职能部门的责任。安全生产责任制度的原则是“管生产的同时必须管安全”，但应认识到生产与安全不是两码事，生产与安全是一个对立的统一体；生产组织中不可避免地存在着安全问题，如果安全问题解决不好，极易引发事故，甚至导致生产中断。所以，各级组织必须建立健全安全生产责任制度，做到群防群治。在实行安全生产责任制度时，必须做到生产工作的同时计划、布置、检查、总结、评比安全工作。

（2）生产经营单位和企业的安全生产职责划分。安全生产职责划分是根据安全生产责任制度的要求，把安全责任目标分解到岗，落实到人。安全生产责任制必须经生产经营单位和企业的厂长、经理批准后实施。常见的安全生产职责划分如下（各单位和企业可根据安全生产实际情况划分，不尽相同）。

1）建立安全机构。例如，公司可设安全生产委员会（小规模单位可设安全生产领导小组），由总经理任主任，成员可由副总经理、总经理助理、专责工程师，以及生产、保卫、企管、办公室等部门负责人组成；车间可设安全生产领导小组，组长由车间主任担任；易燃、易爆、尘毒危害严重的车间可设专职安全员，其他一百人以上的车间设专职安全员，一百人以下的车间设兼职安全员，班组设不脱产的班组安全员。

2）领导层对安全生产负全面责任。其职责主要包括：认真贯彻安全生产方针、政策、法规及各项规章制度；制定和执行安全生产管理办法；严格执行安全考核指标和安全生产办法；严格执行安全技术措施审批制度；定期组织安全生产检查和分析，针对可能产生的安全隐患组织制定相应的预防措施；当发生安全事故时，按安全事故处理的有关规定和程序及时上报和处置，并组织制定防止同类事故再次发生的措施。

3）总工程师或安全技术部门领导对安全生产负技术责任。主要职责包括：组织开展安全技术研究工作，积极采用先进技术和安全防护装置，并组织落实重大事故隐患的整改；审定安全技术规程和安全技术措施项目，使之完善可靠，技术上切实可行；负责尘、毒等有害物质的治理方案规划，使之达到国家标准要求；参加各类重大事故的调查处理。

4）安全员的安全职责。主要包括：落实安全设施设置；对生产全过程进行安全监督，制止与纠正违章作业；配合有关部门发现与排除安全隐患，组织安全教育和安全活动；监督劳保用品质量及正确使用。

5）班组长的安全职责。主要包括：安排生产任务时向作业人员进行安全措施交底；严格执行安全技术操作规程，杜绝违章指挥；作业前检查机具、设备、防护用具、作业环境及安全标牌与标志，消除安全隐患；组织班组例行安全活动，上岗前召开安全生产会；定期进行安全讲评。

6）操作工人的安全职责。主要包括：认真学习并严格执行安全技术操作规程，杜绝违章操作；严格遵守安全生产规章制度，认真执行安全技术与安全生产规定；参加安全活动，服从安全监督、指导；保护安全设施，正确使用防护用具；拒绝违章指挥，提出安全生产建议与意见。

7）可根据情况划分车间、安全环保管理、设备管理、生产运行及计量管理等各部门人员的安全职责。

2. 安全教育制度

安全教育是安全生产管理工作中的一个重要组成部分。对员工进行安全生产教育是提高员工职业素质和事故防范能力，防止事故发生，保护生产安全及生命财产安全的重要手段。根据国家相关法律、法规的规定，企业安全教育一般包括对管理人员、特种作业人员与普通员工的安全教育。

（1）管理人员的安全教育

1）企业领导安全教育的主要内容包括：国家有关安全生产的方针、政策、法律、法规及有关规章制度，安全生产管理职责、安全生产管理知识及安全文化，有关的事故案例及事故应急处理措施等。

2）中层领导、技术负责人和专业技术人员安全教育的主要内容包括：国家有关安全生产的方针、政策、法律、法规，有关的安全生产责任，事故案例分析，本部门或本系统安全技术知识。

3）安全管理人员安全教育的主要内容包括：国家有关安全生产的方针、政策、法律、法规和安全生产标准，企业安全生产管理、安全技术、职业病知识及安全文件，员工伤亡事故和职业病统计报告及调查处理程序，有关事故案例及事故应急处理措施。

4）班组长和安全员安全教育的主要内容包括：安全生产法律、法规，安全技术及技能，职业病和安全文化等知识，本企业、本班组、本岗位的危险因素、安全注意事项，本岗位安全生产职责，典型事故案例，事故抢救及应急处理措施。

（2）特种作业人员的安全教育

根据国家有关规定，特种作业是指容易发生人员伤亡事故，对操作者本人、他人和周围设施的安全有重大危害因素的作业。特种作业人员是指直接从事特种作业的人员。

1）特种作业人员的范围。依据国家有关规定，特种作业人员范围如下。

①电工作业。含发电、送电、变电、配电工，电气设备的安装、运行、检修（维修）、试验工，矿山井下的电钳工。

②金属焊接、切割作业。含焊接工、切割工。

③起重机械作业。含起重机司机、司索工、信号指挥工、安装与维修工。

④厂（场）内机动车辆驾驶。含在企业内及码头、货场等生产作业区域和施工现场行驶的各类机动车辆的驾驶人员。

⑤登高架设作业。含 2 m 以上登高架设、拆除、维修工，高层建（构）筑物表面清洗工。

⑥锅炉作业（含水质化验）。含承压锅炉的操作工、锅炉水质化验工。

⑦压力容器作业。含压力容器罐装工、检验工、运输押运工、大型空气压缩机操作工。

⑧制冷作业。含制冷设备安装工、操作工、维修工。

⑨爆破作业。含地面工程爆破工、井下爆破工。

⑩矿山通风作业。含主扇机操作工、瓦斯抽放工、通风安全监测工、测风测尘工。

⑪矿山排水作业。含矿井主排水泵工、尾矿坝作业工。

⑫矿山安全检查作业。含安全检查工、瓦斯检验工、电气设备防爆检查工。

⑬矿山提升运输作业。含主提升机操作工、（上、下山）绞车操作工、固定胶带输送机操作工、信号工、拥罐工。

⑭采掘（剥）作业。含采煤机司机、掘进机司机、耙岩机司机、凿岩机司机。

⑮矿山救护作业。

⑯危险物品作业。含危险化学品、民用爆炸品、放射性物品的操作工、运输押运工和储存保管员。

⑰经国家批准的其他符合特种作业定义的作业。

2）特种作业人员应具备的条件是：年满 18 周岁，爆破与井下瓦斯检验人员年龄不低于 20 周岁；身体健康，无妨碍从事本工种作业的疾病与生理缺陷；具备相应文化程度与安全、技术知识；参加国家规定的安全技术理论与实际操作考核且成绩合格，取得特种作业操作证。

3）特种作业人员的安全教育的相关内容

①由于特种作业的危险性较大，特种作业人员必须经过与本工种相适应的、专门的安全技术理论学习和实际操作训练。上岗作业前必须进行专门的安全技术和实际操作技能培训教育，遵循理论与实际相结合的原则，提高安全操作技术及预防事故的实际能力。

②独立作业的前提是经过培训、考核合格，并取得操作证。

③特种作业人员的操作证必须定期复审，复审有继续教育的含义。复审期限依据国家有关规定，制冷作业操作证目前规定为 2 年复审一次。对离开特种作业岗位 6 个月以上的特种作业人员，上岗前必须重新进行考核，合格后方可上岗作业。

（3）普通员工的安全教育

普通员工的安全教育主要包括新员工上岗前的三级安全教育、改变工艺和变换岗位的安全教育、经常性安全教育与其他安全教育。

3. 安全检查制度

安全检查制度是消除隐患、防止事故、保证职业健康安全、改善劳动条件及提高员工安全生产意识的重要手段，是安全生产管理工作的主要内容。安全检查可以发现生产过程及企业的危险因素，以利于有计划地采取措施，保证安全生产。企业应成立安全生产检查组，严格进行安全检查。安全生产检查要深入生产第一线，检查劳动条件、设备、职业健康安全设施、操作行为是否符合安全生产要求。

（1）安全检查的类型

1）全面安全检查。全面安全检查是对企业安全生产的综合考察过程，应引起高度关注。对全面安全检查的结果必须进行汇总分析，及时研究出现的问题，找出应对措施。

2）日常安全检查。车间和班组应开展日常安全检查，及时排除事故隐患。

3）专业性安全检查。根据特定生产及过程和特殊设备存在的问题，组织专业或专职安全管理人员进行专业性检查，由于专业或专职安全管理人员具有较丰富的安全知识和实践经验，可以重点发现某项专业的不安全问题并通过检查整改加以消除。

4）装置检修前的安全检查。各种设备、装置在需要检修时，首先要由设备管理人员会同安全技术人员和有关部门进行安全检查，经检查合格后方可准许进入现场开展检修工作。

①进入有毒有害或有限空间作业前，应测定空气质量，检查防护、监护措施是否完善。

②需要高空作业时，必须进行检查，如检查爬梯是否保险，跳板是否防滑坚固，作业面附近有无高压电源等不安全因素。

③在装置检修中需要动火的，要检查防火措施是否可靠，装置电源是否已

切断。

④检查装置与系统是否隔离。

⑤检查安全要求标志或危险标志是否正确、齐全。

5）定期安全检查。定期安全检查是安全检查的重要形式。各车间和各个部门可定期（如每月）进行一次安全自查。还要进行季节性安全检查和节假日检查。

6）重点安全检查。对要害部门与重点关键设备，由于其重要性与特殊性应进行重点检查，以免造成经济与社会不良影响。对重点关键设备的运转和零部件要定期进行检查，以确保安全。如果发现零部件损坏应立即更换，不能使其“带病”作业，以免增加事故隐患。所有设备设施，如果超过有效使用年限，应立即更新，不可存在侥幸心理。

（2）安全检查的内容

1）查思想。

2）查管理、查制度。

3）查现场、查隐患。

4）查整改、查措施。

5）查事故处理。

6）查教育、查纪律。

4. 安全措施计划制度

安全措施计划制度是安全生产管理制度的重要组成部分。企业在进行生产活动时必须编制安全措施计划，它是企业有计划地改善职业健康安全条件、防止发生事故和患职业病的重要措施之一。本制度可以积极促进企业加强劳动保护、改善劳动条件、保障员工安全和健康，有利于企业正常发展。

（1）安全措施计划编制依据

1）国家有关职业健康安全的政策、法律、法规和标准。

2）安全检查发现的尚未解决的问题。

3）伤亡事故与职业病发生的主要原因以及采取的措施。

4）生产发展所需的安全技术措施。

5）员工对安全问题的建议、意见等。

（2）安全措施计划编制步骤

1）工作活动分类、分解。

2）识别危险源。

3）确定风险。

4）进行风险评价分级。

5）拟订安全技术措施计划。

6）评价、改进与完善安全措施计划。

（3）安全措施计划范围

安全措施计划的范围主要涉及改善劳动条件、防止事故发生、预防职业病和职业中毒等。

1）安全技术措施，是指预防员工在工作过程中发生事故的各项措施。

2）职业卫生措施，是指改善职业卫生环境和预防职业病的必要措施。

3）辅助设施，是指生产过程安全卫生不可缺少的设施。

4）安全宣传教育措施，是指宣传、普及安全生产法律、法规和安全生产知识的必备措施。

5. 安全监察制度

职业健康安全监察制度是指国家法律、法规授权的行政部门，代表政府对企业的生产过程实施职业健康安全监察，以政府的名义，运用国家权力对生产单位履行职业健康安全和执行职业健康安全政策、法律、法规和标准的情况依法进行监督、检举和惩戒的制度。我国的职业健康安全监察起始于20世纪80年代初，1983年，国务院就明确提出了实行国家劳动安全监察制度。2009年6月15日，国家安全生产监督管理总局局长办公会议审议通过了《作业场所职业健康监督管理暂行规定》，自2009年9月1日起施行。

职业健康安全监察具有特殊的法律地位。执行机构设在行政部门，设置原则、管理体制、职责、权限、监察人员的任免均由国家法律、法规确定。职业健康安全监察机构与被监察对象没有上下级关系，只有行政执法机构和法人之间的法律关系。

职业健康安全监察机构的监察活动从国家整体利益出发，依据法律、法规开展，既不受行业部门或其他部门的限制，也不受用人单位的约束。

职业健康安全监察具有专属性，执法主体是县级和县级以上法律、法规授权的行政部门，而不是其他国家机关和群众团体。

职业健康安全监察具有强制性。职业健康安全监察机构对违反职业健康安全政策、法律、法规、标准的行为，有权采取行政措施，具有一定的强制特点，以国家的法律、法规为后盾，任何单位或个人必须服从，以保证法律的实施，维护法律的尊严。

6. 其他安全生产制度

（1）伤亡事故和职业病统计报告处理制度

伤亡事故和职业病统计报告处理制度是我国职业健康安全的一项重要制度，《中华人民共和国劳动法》《中华人民共和国职业病防治法》《中华人民共和国安全生产法》等法律对此作了明确的规定。其详细内容可参考相关的法律、法规。

（2）“三同时”制度

“三同时”制度，是指凡是我国境内新建、改建、扩建的基本建设项目（工程）、技术改建项目（工程）和引进的建设项目，其职业安全卫生设施必须符合国家规定的标准，必须与主体工程同时设计、同时施工、同时投入生产和使用。对此，《中华人民共和国劳动法》和《中华人民共和国安全生产法》等法律、法规都有明确的规定。

（3）职业健康安全预评价制度

预评价就是在建设项目前期，应用安全评价的原理和方法对系统（工程、项目）的危险性、危害性进行预测性评价。

预评价制度是根据建设项目可行性研究报告的内容，运用科学的评价方法，依据国家法律、法规及行业标准，分析、预测该建设项目存在的危险，有害因素的种类和危险、危害程度，提出科学、合理和可行的职业健康安全技术措施和管理对策，作为该建设项目初步设计中劳动安全卫生设计和建设项目劳动安全卫生管理的主要依据，供企业和国家安全生产管理部门进行监察时参考。

二、质量管理体系知识

1. 质量管理体系认证

国际标准化组织（ISO）于 1979 年成立了品质管理和品质保证技术委员会（TC176），负责制定品质管理和品质保证标准。ISO 系列标准的颁布，使各国的品质管理和品质保证活动统一在 ISO 族标准的基础上。ISO 族标准总结了工业发达国家先进企业品质管理的实践经验，统一了品质管理和品质保证的术语及概念，并对推动组织的品质管理、实现组织的品质目标、消除贸易壁垒、提高产品质量和顾客的满意程度等产生了积极的影响，得到了世界各国的普遍关注。迄今为止，ISO 族标准已被全世界 150 多个国家和地区等同采用为国家和地区标准，并广泛用于工业、经济和政府的管理领域，使多个国家建立了质量管理体系认证制度。

2. 质量管理体系

任何组织都需要管理。当管理与质量有关时，则为质量管理。质量管理是在质量方面指挥和控制组织的协调活动，通常包括制定质量方针、目标，以及质量策划、质量控制、质量保证和质量改进等活动。实现质量管理的方针目标，有效地开展各项质量管理活动，必须建立相应的管理体系，这个体系就是质量管理体系。

（1）质量管理

按质量管理体系标准的有关定义，质量管理是指确立质量方针及实施质量方针的全部职能及工作内容，并对其工作效果进行评价和改进的一系列工作。

一般在企业中，质量管理部门的工作涉及：制定原料采购标准、企业产品标准；组织质量管理体系的审核工作；确保纠正预防措施的落实，如跟踪内审及外审的不符合项，组织相关部门对不合格品的原因进行分析，跟踪纠正措施的执行情况和对纠正措施的有效性进行验证；调查客户投诉原因；监控客户满意度，收集客户满意度信息等。

1）质量管理的 PDCA 循环。PDCA 循环是确立质量管理和建立质量体系的基本原理。全面质量管理活动的过程，就是质量计划的制订和组织实现的过程，这个过程就是按照 PDCA 循环不停顿地周而复始地运转的。PDCA 是 plan（计划）、do（执行）、check（检查）和 action（行动）的首字母缩写，PDCA 循环就是按照这样的顺序进行质量管理，并且循环进行下去的科学程序。

①计划（plan）。计划职能包括确定或明确质量目标和制定实现质量目标的行动方案。实践表明质量计划的严谨周密、经济合理以及切实可行，是保证工作质量、产品质量和服务质量的前提条件。

②执行（do）。执行职能在于将质量的目标值通过生产要素的投入、作业技术的活动和产出过程，转换为质量的实际值。在各项质量活动实施前，要根据管理计划部署行动方案；在质量活动实施中，要严格执行计划的行动方案，规范行为，把质量管理计划的各项规定和安排落实到资源配置和作业技术活动中。

③检查（check）。检查是指对计划实施过程进行各种检查，包括作业者的自检、互检和专职管理者的专检。检查是否严格执行了计划的行动方案，实际条件是否变化，不执行计划的原因；检查计划执行的结果，确认与评价产出的质量是否达到了标准的要求。

④行动（action）。行动是指对于质量检查所发现的质量问题或不合格之处及时分析原因，采取必要的措施纠正，保持质量形成过程的受控状态，分纠偏和预防改进两个方面。纠偏就是采取应急措施解决当前的质量偏差、问题或事故；预防改进是提出目前的质量状况信息，并反馈到管理部门，反思问题症结或计划的不周，确定改进目标和措施，为类似问题的质量预防提供借鉴。

全面质量管理活动的运转离不开管理循环的运用，这就是说，改进与解决质量问题，赶超先进水平的各项工作，都要运用 PDCA 循环的科学程序。例如，无论是提高产品质量，还是减少不合格品，都要先提出目标，即质量提高到什么程度，不合格品率降低多少，都要有计划，这项计划不仅包括目标，也包括实现这个目标需要采取的措施；计划在制订之后，要按照计划进行检查，看是否实现了预期的效果，有没有达到预期的目标；通过检查找出问题和原因后要进行处理，将经验和教训制定成标准，形成制度。

2）全面质量管理。全面质量管理（total quality management，TQM）就是一个组织以质量为中心，以全员参与为基础，目的在于通过让顾客满意和本组织所有成员及社会受益而达到长期成功的管理途径。

20 世纪 50 年代末，美国通用电气公司的费根堡姆和质量管理专家朱兰提出了“全面质量管理”的概念，认为全面质量管理是为了能够在最经济的水平上，并考虑充分满足客户要求的条件下进行生产和提供服务，把企业各部门在研制质量、维持质量和提高质量的活动中构成为一体的一种有效体系。60 年代初，美国一些企业根据行为管理科学的理论，在企业的质量管理中开展了依靠职工“自我控制”的“无缺陷（Zero Defects）运动”，日本在工业企业中开展了质量管理小组（Q.C.Cycle）活动，促进了全面质量管理活动的迅猛发展。

全面质量管理的基本原理与其他概念的基本差别在于，它强调为了取得真正的经济效益，管理必须始于识别顾客的质量要求，终于顾客对他手中的产品感到满意。全面质量管理就是为了实现这一目标而指导人、机器、信息的协调活动。

①全面质量管理有三个核心的特征，即全员参加的质量管理、全过程的质量管理和全面的质量管理。

②全面质量管理强调以下观点

a. 用户第一的观点，并将用户的概念扩充到企业内部，即下道工序就是上道工序的用户，不将问题留给用户。

b. 预防的观点，即在设计和加工过程中消除质量隐患。

c. 定量分析的观点，只有定量化才能获得质量控制的最佳效果。

d. 以工作质量为重点的观点，因为产品质量和服务均取决于工作质量。

③全面质量管理的意义

a. 提高产品质量。

b. 改善产品设计。

c. 加速生产流程。

d. 鼓舞员工的士气和增强质量意识。

e. 改进产品售后服务。

f. 提高市场的接受程度。

g. 降低经营质量成本。

h. 减少经营亏损。

i. 降低现场维修成本。

j. 减少责任事故等。

（2）质量控制

按质量管理体系标准的有关定义，质量控制是质量管理的一部分，是致力于满足质量要求的一系列相关活动。质量控制是一个设定标准和测量结果，并判定是否达到预期要求，对质量问题采取措施进行补救并防止再发生的过程。例如，为了控制采购过程的质量，采取的控制措施有：确定采购文件、通过评定选择合格的供方、规定对进货质量的验证方法、做好相关记录并定期对供方进行业绩评定，这个过程就可以看作是质量控制。

质量控制所致力的一系列相关活动包括作业技术和管理活动。质量控制部门的工作主要有：制订质量检验计划，编制检验指导书，对原料、中间产品、成品的质量特性进行检验，确保实验室仪器处于有效状态等。质量控制是运用全面质量管理的思想和动态控制的原理，进行质量的事前预控、事中控制和事后纠偏控制，实现预期质量目标的系统过程。

1）事前质量预控。事前质量预控就是要求预先制订周密的质量计划，包括质量策划、管理体系、岗位设置，把各项质量职能活动，包括作业技术和管理活动建立在有充分能力、保证条件和运行机制的基础上。事前质量预控要针对质量控制对象的控制目标、活动条件、影响因素进行周密分析，寻找其薄弱环节，制定有效的控制措施与对策。

2）事中质量控制。事中质量控制即作业活动过程的质量控制，是指质量活动主体的自我控制和他人监控的控制，其中自我控制是第一位的。事中质量控制的目标是确保工序质量合格，杜绝质量事故发生，坚持质量标准是根本，他人监控是补充。关键是全员增强质量意识，加强自我约束、自我控制，有效进行过程质量控制。

3）事后质量控制。事后质量控制也称为事后质量把关，以使不合格的工序或产品不流入后道工序、不流入市场。事后质量控制的任务是：质量活动结果的评价、认定，工序质量偏差的纠正，不合格产品或服务的整改及处理等。

应认识到质量控制的事前预控、事中控制和事后控制不是相互孤立和分开的过程，它们是有机的系统过程总体，其实质是质量管理 PDCA 循环的具体体现，是产品质量或服务、质量控制与质量管理不断提高、持续改进的过程。

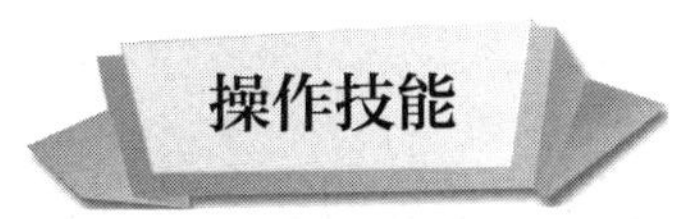

实施安全检查

一、操作准备

1. 制订安全检查计划

进行安全检查之前要做好计划。根据企业的安全生产管理方针与相关安全管理制度可以制订年度、季度、月度、旬或周的计划，同时也应制订专项检查、突击检查及其他形式的安全检查计划。对总的安全检查策划及每一单项检查都应制订详细的计划，并不断修订完善与审批。

计划的主要内容应体现组织与依据、目标与指标、安全检查方案等，并应根据实际情况制订。

（1）组织与依据

应首先建立安全检查小组，明确职责。计划应明确提出安全检查的指导思想与依据，如法律、法规、其他要求与企业安全管理方针。其意义在于：

1）企业建立和保持了文件化的程序，保证生产活动和服务等遵守法律、法规和相关要求。

2）企业建立了遵守法律、法规和相关要求（包括变动信息跟踪）的渠道。

（2）目标与指标

安全检查计划应明确检查目标与指标，例如检查重点、合格标准等。

1）各相关管理层次、有关部门和岗位在一定时期内均应有相应的安全管理目标与指标（用文本表示的）。

2）目标与指标的建立与评审是与法律、法规、其他要求及企业安全管理方针的承诺相一致的。

（3）安全检查方案

1）应制定一个或多个检查方案，保证安全检查顺利实施。

2）明确安全检查中各相关层次、职能部门、人员所承担的任务并分解落实。

3）确定方法与制定时间表等。

2. 准备安全检查表

（1）安全检查表的作用

安全检查最有效的工具是安全检查表。它是为检查某一系统的安全状况而事先拟好的问题清单，简单易懂、容易掌握，能使安全检查系统化、完整化。按照经审定的安全检查表进行检查，可以提高检查质量，不至于漏掉重要的危险因素。安全检查表的制定、使用、修改和完善的过程，实际上是对安全工作不断总结提高的过程。通过长期实践，可以形成一整套标准的安全检查表，提高企业安全管理水平。

（2）安全检查表的类型

根据安全检查的目的，可以按照需要编制各种类型的安全检查表，包括企业综合安全管理状况的检查表，企业内关键、危险设备设施的检查表，各不同专业类型的检查表，面向车间、工段、岗位不同层次的安全检查表。

（3）制定安全检查表的依据

制定安全检查表的主要依据是国家的法规和技术标准、企业的安全管理方针与安全生产各项规章制度、企业安全生产的实际情况。

（4）制定安全检查表的要求

制定安全检查表的人员应当是熟悉装置、系统或该专业工作的安全技术人员、工程技术人员和操作人员。制定安全检查表应充分依靠一线员工，集思广益、反复讨论修订。

（5）安全检查表的主要内容

1）检查项目，如危险品、设备、电气安全、消防、劳动卫生等。

2）分类项目，如输配电检查表的电杆与附件、架空线路、电缆、接地防雷等。

3）检查内容与要求。

4）检查方法。

5）处理意见，可采用确认“是”或“否”、标记“√”或“×”、列出评分要求与确定得分结果等方式。

6）备注及其他，如表头、日期、编号、编制人、填表人、检查人员、被检单位人员签字等。

二、操作步骤

步骤 1　自查

各岗位、各部门对照操作规范、作业指导书、目标与责任要求认真自查，严格要求，力求实效。

步骤 2　互查

相应部门要互相检查，以利于相互学习、相互借鉴、取长补短。

步骤 3　检查与整改

对照安全检查表的要求与内容逐项认真、严格检查，不走过场。坚持查改结合，发现问题及时采取切实有效的防范措施。

步骤 4　记录

认真如实做好检查记录，建立安全检查档案，可以详细掌握安全状况，为及时消除事故隐患、保障安全生产提供基本数据，为安全生产管理奠定基础。

三、注意事项

自查要严格要求，实事求是；互查要不讲情面，不走过场。

相关链接

制冷系统安全检查表（部分）

编号　　制表　　审核　　批准

检查日期　　检查人　　确认人　　填表人

受检单位签字

项目	序号	检查项目	检查内容	检查方法	是／否	备注
冷却水系统	1	制冷剂管道	（1）保温层、防护层无破损 （2）管道无脱漆、锈蚀 （3）阀门、管道无泄漏 （4）支吊架无活动，管道无振动、无变形 （5）紧固螺栓无松动	现场检查、测试		
	2	冷却水管道	（1）保温层、防护层无破损 （2）管道无脱漆、锈蚀 （3）各处无跑冒滴漏 （4）支吊架无活动，管道无振动、无变形 （5）水阀严密、启闭灵活 （6）紧固螺栓无松动	现场检查		
	3	凉水塔	（1）进风隔栅无脏堵 （2）布水器无脏堵 （3）水位正常 （4）水质良好，pH 值、硬度正常 （5）浮球阀启闭灵活 （6）水池与排水阀无泄漏 （7）传动带松紧适中 （8）轴承完好，不缺少润滑脂 （9）风机扇叶无松动、无裂纹 （10）周围环境整洁	现场检查、测试、查阅记录		
	4	电气系统	（1）电缆槽、套管、电缆无破损 （2）接头完好无松动、无受热痕迹 （3）电动机无异响、无异常发热 （4）轴承完好无发热，扇叶完好 （5）接地、防雷完好 （6）各接触器完好，无灰尘覆盖	现场检查、测试、查阅记录		

学习单元 3　应急预案基本知识

熟悉职业健康安全常识

了解危险源识别与风险评估

能够编制应急准备和响应方案

一、职业健康安全常识

1. 职业健康安全的概念

职业健康安全是指影响作业场所内员工、临时工作人员、合同方人员、访问者和其他人员健康和安全的条件和因素。职业健康安全管理就是识别、评价、预测和控制不良工作条件中存在的职业有害因素，以防止其对职业人群的健康造成损害；是以职业人群作业环境为对象，通过识别、评价、预测和检测不良职业环境中有害因素对职业人群健康的影响，早期诊断、治疗和康复处理职业性有害因素对健康的损害或潜在健康危险，创造安全、卫生和高效的作业环境，从而保护职业人群的健康、提高职业生命质量。

2. 职业健康安全管理的目的

职业健康安全管理的直接目的是防止和减少安全事故、保护产品生产者的健康与安全、保障生命和财产免受损失。同时，加强职业健康安全管理能起到与国际标准接轨、消除贸易壁垒、提高效率、增加效益、改善人力资源质量、促进社会进步等作用。

3. 职业健康安全管理的内容

职业健康安全管理的内容主要是企业为达到职业健康安全管理的目的而进行的组织、计划、控制、领导和协调的一系列活动。包括但不限于以下活动，如每个企业（组织）都应积极建立职业健康安全管理的团队并明确职责，通过详细了解国际职业健康安全管理惯例及相关法律、法规，制定本企业（组织）的职业健康安全方针，做好职业健康安全管理计划，落实职业健康安全所需的资源，按既定程序实施及评审各项有关职业健康安全的活动，保障职业健康安全。

二、危险源识别与风险评估

1. 危险源及其识别

（1）危险源

能量、有害物质及对能量和有害物质失去控制是导致事故的根源。根据危险源在事故发生发展中的作用可以把危险源分为两类。

1）第一类危险源。可能产生意外释放的能量（能源或能量载体）或危险物质称为第一类危险源，它们的存在是危害产生的根本原因。系统具有的能量越大，存在的危险物质越多，其潜在的危险性和危害性就越大。

2）第二类危险源。造成约束、限制能量和危险物质措施失控的各种不安全因素称为第二类危险源。第二类危险源体现在物的不安全状态（设备或故障缺陷）、人的不安全行为（人的失误）及管理缺陷等方面，几个方面会相互影响、随机出现。

①设备或故障缺陷易产生安全事故，如压力容器的破裂、电缆绝缘层的破损、扶梯的断裂等。

②人的不安全行为是指由于态度、知识技能、健康或生理状态和劳动条件等的影响而造成的失误，如操作失误、忽视安全与警告、物体存放不当、冒险作业、处于不安全位置、机器运转时的检查与修理、注意力不集中、防护用品使用不当、不安全装束、危险品错误处理等。

③管理缺陷会造成设备故障或人员失误，以致发生事故。

3）危险源与事故。事故的发生是两类危险源共同作用的结果。第一类危险源是事故发生的前提，是事故的主体，决定事故的严重程度。第二类危险源是导致事故的必要条件，决定事故发生的可能性。在事故的发生发展过程中，两类危险源是相互依存、相辅相成的。

（2）危险源识别

危险源识别是指找出与工作活动有关的所有危险源，考虑危险源可能造成的伤害与导致的损坏。

1）危险源常见类型。危险源可以按专业进行分类，如电气、物质、辐射、机械、爆炸等。在危险源识别中经常采用危险源提示表进行分类，应根据具体情况具体分析。

2）危险源识别方法

①调查法。是指向有经验的人员咨询、调查，分析危险源的方法，此方法

简便、易行，如头脑风暴法、德尔菲法。

②安全检查表法。是指根据实施安全检查和诊断项目的明细表分析危险源的方法。运用编制的安全检查表对系统进行安全检查，可以比较系统、完整地识别危险源。

2. 风险评价

风险评价的目的是评估危险源带来的风险大小与确定风险是否允许，以便根据评价结果对风险进行分级并有针对性地采取风险控制措施。

风险评价方法主要有等级评价法和作业条件危险性分析法（LEC 法）两种。

（1）风险等级评价法

风险等级的划分其实是利用风险大小的计算公式来估计风险大小。风险大小的计算方法如下：

$$R=pf$$

式中 R——风险的大小；

p——危险情况发生的可能性；

f——危险发生造成后果的严重程度。

危险发生的可能性 p 分为“很大”“中等”“很小”三级。确定危险情况发生、造成伤害的可能性时，应以法规和准则要求的控制措施为原则，考虑控制措施的针对性。应考虑的因素主要有：作业现场人数、处于危险源中的频次与持续时间、能源供应情况、安全装置工作情况、气候条件、防护装备的使用率、安全行为等。在实际工作中，无意或有意的不安全行为，诸如不认识危险源，不具备知识、技能或体能，低估风险，低估安全措施的有效性等都会增加危险发生的可能性。

危险发生造成后果的严重程度 f 分为“轻度损失（轻微伤害）”“中度损失（伤害）”“重大损失（严重伤害）”三级。确定危险发生造成的后果或造成伤害的严重程度时主要考虑如下方面：身体部位、伤害的性质（轻微伤害，如表面损伤、轻微擦伤或割伤、粉尘对眼睛的刺激、烦躁、暂时性不适；伤害，如划伤、烧伤、脑震荡、严重扭伤、轻微骨折、耳聋、皮炎、哮喘、上肢损伤、永久轻微功能丧失；严重伤害，如截肢、严重骨折、中毒、复合伤害、致命伤害、职业癌症、寿命严重缩短疾病、急性不治之症等）及财产损失程度。

p 和 f 的乘积就是风险的大小 R，可以分为“可忽略风险”“可容许风险”“中度风险”“重大风险”“不容许风险”五个等级，见表 4–2。

表 4-2 风险等级评估表

后果的严重程度（f）/ 风险的大小（R）/ 发生的可能性（p）	轻度损失（轻微伤害）	中度损失（伤害）	重大损失（严重伤害）
很大	Ⅲ	Ⅳ	Ⅴ
中等	Ⅱ	Ⅲ	Ⅳ
很小	Ⅰ	Ⅱ	Ⅲ

Ⅰ—可忽略风险 Ⅱ—可容许风险 Ⅲ—中度风险 Ⅳ—重大风险 Ⅴ—不容许风险

（2）作业条件危险性分析法（LEC 法）

作业条件危险性分析法中风险大小的计算式如下：

$$R=LEC$$

式中 R——风险的大小；

L——事故发生的可能性，见表 4-3；

E——人员暴露于危险环境中的频繁程度，见表 4-4；

C——事故后果的严重程度，见表 4-5。

表 4-3 事故发生的可能性（L）

事故发生的可能性	分数值	事故发生的可能性	分数值
必然	10	很不可能、可设想	0.5
相当可能	6	极不可能	0.2
可能、但不经常	3	实际不可能	0.1
可能性极小、完全意外	1	—	—

表 4-4 人员暴露于危险环境中的频繁程度（E）

人员暴露于危险环境中的频繁程度	分数值	人员暴露于危险环境中的频繁程度	分数值
连续	10	每月一次	2
每天工作时间暴露	6	每年一次	1
每周一次	3	非常罕见	0.5

表 4–5 事故后果的严重程度（C）

事故后果的严重程度	分数值	事故后果的严重程度	分数值
大灾难、多人死亡	100	严重致残	7
灾难、数人死亡	40	较大、受伤较重	3
非常严重、一人死亡	15	引人注目、轻伤	1

根据风险大小 R 的值划分危险性等级，见表 4–6。

表 4–6 危险性等级划分

风险大小（R）	危险程度	备注
≥ 320	极度危险、不能继续作业	相当于“不容许风险”
160 ~ 319	高度危险、需要立即改进	相当于“重大风险”
70 ~ 159	显著危险、需要改进	相当于“中度风险”
20 ~ 69	比较危险、需要注意	相当于“可容许风险”
＜ 20	稍有危险、可以接受	相当于“可忽略风险”

3. 风险控制

（1）风险控制策划

根据风险评价的结果，列出重大危险源与所有危险源清单。有关部门与人员要制定危险源控制措施与管理方案，具体策划原则如下。

1）尽可能消除不可接受风险的危险源。

2）不可能消除的重大风险危险源，应努力采取措施降低风险。

3）应以人为本，尽力降低人的精神压力和体能消耗。

4）保护每个工作人员。

5）技术与程序相结合。

6）适应安全防护装置维护计划要求。

7）注意个人防护。

8）制定应急方案。

9）符合监控措施计划的预防性测定指标。

（2）风险控制措施计划

应根据实际条件与风险选择有效的控制策略和管理方案，见表 4–7。

表 4–7　风险控制措施计划

风险	控制措施
可忽略风险	不采取措施 不必要保留文件记录
可容许风险	不需要另外的控制措施 考虑投资效果更佳的解决方案 不额外增加成本的改进措施 应监视以确保控制措施得以维持
中度风险	仔细测定并限定预防成本，努力降低风险 在规定的时间内实施降低风险的措施 在中度风险与严重伤害后果相关的场合，必须进一步评价风险 更准确地确定伤害的可能性，确定是否需要改进控制措施
重大风险	直至风险降低后才能开始工作 必须配备大量的资源降低风险 风险涉及正在进行的工作时应采取应急措施
不容许风险	风险降低时才能开始或继续工作 无限的资源投入不能降低风险则必须禁止工作

三、应急准备和响应

应急准备和响应是企业安全管理的重要内容之一。企业应制定应急准备和响应的计划与程序，以确保对潜在的事故或紧急情况做出响应，从而预防、减少或消除由于紧急情况或意外事故所造成的人员伤亡及财产损失。

1. 应急准备

危险源识别与风险评价完成后，应有针对性地进行应急准备。一般应根据风险控制措施计划制定应急预案，应急预案应包括组织准备、资源准备、程序准备、演练准备等内容。

（1）组织准备

应急组织是应急准备的执行机构，应急组织的成员应包括总指挥（最高管理者）、安全主管、各关键部门主管、各关键岗位操作人员等，并明确组织制度与各自的职责、权限。

（2）资源准备

有针对性的物资、设备、设施、工具、用具等的准备是避免损失扩大和妥善保护应急人员安全的基本要求。设备、设施、工具的日常管理（如维护、保养）也是资源准备的重要内容。

（3）程序准备

应该按照紧急情况的性质、危害制定不同的行动程序。程序应简明、步骤明确，应规定应急准备的时间和响应要求以及应急准备和响应的重点，如可按实际情况准备“撤离逃生路线图”。

（4）演练准备

应急预案应定期组织演练，以确保所有组员对紧急情况反应迅速、响应合理、处置得当。这同时也是应急预案有效性评估与改进的过程。

2. 应急响应

责任单位在潜在事故或紧急情况发生时，应按职责分工和行动程序迅速地做出有效反应，如遇事故性质严重难以处理，应立即联络紧急救援和报告，争取最大限度地减少人员和财产损失。应急响应的实施原则是：避免死亡，保护人员不受伤害；避免或降低环境污染；保护装置、设备、设施及其他财产免受损失。

做好事故后的处理工作，例如，查明事故原因及责任人；以书面形式向上级报告，包括发生事故的时间、地点，以及受伤（死亡）人员的姓名、性别、年龄、工种、伤害程度、受伤部位等；制定有效的预防措施，防止此类事故再次发生；组织所有人员进行事故教育；公布事故处理结果以及对责任人的处理意见等。

在事故或紧急情况处理完毕后，应对应急准备与响应程序进行一次评审和修订，以检查其有效性，必要时提出纠正措施并做好评审工作与修订记录。

四、应急准备和响应方案的内容和编制要求

1. 内容

应急准备和响应方案的主要内容有：

（1）应急组织与相应职责；

（2）可依托的社会力量（消防、医疗）的救援程序；

（3）内、外部信息交流的方式与程序；

（4）危险物质信息和紧急状态的识别，如物质的危害因素及发生事故时应采取的有效措施；

（5）应急行动程序；

（6）相关人员应急培训程序。

2. 编制要求

应急准备和响应方案的编制要求主要有：

（1）体现责任分工的明确，依据充分；

（2）认真进行工作活动分解与危险源识别，集思广益；

（3）细致进行风险与危害评价；

（4）有针对性地提出充分的风险控制措施计划，确保方案的有效性；

（5）明确演练、培训、检查、救援、行动、沟通、通告等程序，程序简明、步骤明确，要有可操作性；

（6）遵守方案的审核批准与备案制度；

（7）保持控制措施的持续评审与修订。

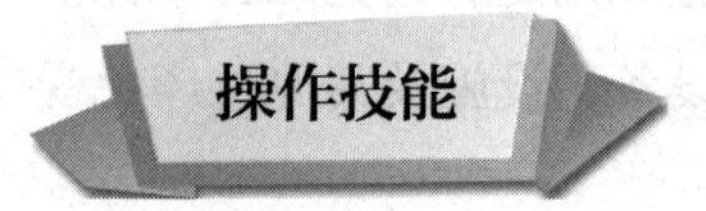

编制应急准备和响应方案

一、操作准备

准备相关资料，主要包括：相关法律、法规、标准；企业的职业健康安全与环境体系文件，企业有关职业健康安全的方针及承诺；相关操作规程、专业知识、事故案例；设备、装置的技术文件、运行参数、特点等。

二、操作步骤

步骤 1　评价潜在事故或紧急情况

根据工作环境、操作规程、工作活动特点等，认真对作业活动进行分解。综合考虑各种主、客观因素，识别危险源，如制冷剂充注（可能由于泄漏引起火灾、爆炸、人身伤害等事故）、高空作业（可能发生人员及物体坠落事故）等。应对各危险源或紧急情况进行风险和危害分析及评价。

步骤 2　识别应急响应需求

针对紧急情况和事故可能发生的原因和特点，分析应急响应的需求，寻求应急控制措施，以预防或减少可能伴随的风险。如夏季高温环境作业的应急控制措施、冬季低温环境作业的应急控制措施等，包括各种信息与资源需求等。

步骤 3　拟定应急预案

（1）简述应急预案的目标，也可以包括实施原则、依据等。

（2）应急准备

1）明确组织分工与责任，分解到部门、小组，直至个人。

2）资源准备，包括人力、资金、物资、设备设施、工具用具等。

3）应急知识与技能培训，如危险与紧急状态的识别、事故与个人应急等。

4）内外信息沟通方式、方法，张贴应急通告，如电话、路线图等。

（3）应急响应行动程序

1）组织对突发事故的响应程序，响应要点应简洁，步骤应明确。

2）消防、医疗等社会力量救援程序。

3）应急避险程序。

4）事故处理程序等。

步骤 4　演练与检查

对拟定的应急预案要定期进行演练，检查通信、救护设施与用品、设备是否齐全有效，行动步骤是否合理，人员技能是否实用，人员到位是否及时，设备设施是否完好及维护是否得当等。

步骤 5　评价与反馈

对演练的有效性应及时评价、反馈，以利于修正各种措施。

步骤 6　持续改进

对修正的应急控制措施应持续评估其使风险降低的有效性（风险是否降低到可容许水平、是否产生新的危害、措施是否性价比较高）以及措施的可行性、必要性、充分性。应以实际条件为基准，保持持续评审、修订、改进。

步骤 7　形成方案

经过持续演练、评审后改进的方案，如果是可行的、充分的、有效的，则需经审核、批准、备案后形成正式的应急准备与响应方案，用于实施。

三、注意事项

应该理解，如何预案都不是完美无缺的，因此风险评价应持续，控制措施必须经过持续评审与修订。

学习单元4　制冷系统运行原始数据分析

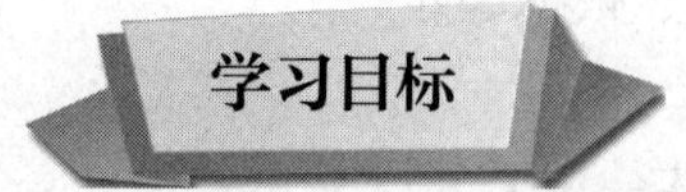

了解制冷系统原始数据的统计方法

熟悉制冷系统原始数据的分析方法

能够通过制冷系统原始数据分析判断设备运行状态

一、统计

统计整理各种数据与资料是分析问题、解决问题的基础工作，体现在认真填写原始记录、认真检查设备技术状态等工作中。设备的各项运行、检查、维护记录是掌握设备技术状态、编制设备维修计划的主要依据，必须及时整理、统计，以便进行分析利用。例如，统计设备检查中发现问题的数目与实际解决的数目，各类设备的缺陷数目、主要原因及所占比例、所耗费用与停机损失，各类设备的平均故障间隔期，对遗留问题的处理意见等。

在进行统计前，要制定各项原始记录标准，以便提供规范、真实、有效的数据。如统计设备检查数据时，应明确设备日常检查内容，设备定期检查的对象、目的及内容，建立设备日常检查卡等；通过设备的日常检查、定期检查（包括性能和精度检查）、润滑、维护、调整、日常维修、状态监测和诊断等活动，对所取得的技术状态信息进行统计。

统计要制定必要的规程，力求标准化、规范化，如对故障信息数据的收集与统计可制定含有（不限于）以下内容的标准。

1. 故障信息的主要内容

（1）故障对象的有关数据。如系统、设备的种类、编号、生产厂家、使用经历等。

（2）故障识别数据。如故障类型、故障现场的形态表述、故障时间等。

（3）故障鉴定数据。如故障现象、故障原因、测试数据等。

（4）有关故障的历史资料。

2. 故障信息的来源和故障现场调查资料

（1）故障专题分析报告。

（2）故障修理单。

（3）设备使用情况报告（如运行日志）。

（4）定期检查记录。

（5）状态监测和故障诊断记录。

（6）产品说明书，出厂检验、试验数据。

（7）设备安装、调试记录。

（8）修理检验记录等。

3. 收集故障数据资料的注意事项

（1）保证数据及时、准确、真实、可靠、完整，要对记录人员进行教育、培训，健全责任制。

（2）按规定的程序和方法收集数据。

（3）对故障要有具体的判断标准。

（4）各种时间要素的定义要准确，计算有关费用的方法和标准要统一等。

4. 做好设备故障的原始记录

（1）跟班维修人员做好检修记录，要详细记录设备故障的全过程，如故障部位、停机时间、处理情况、产生的原因等，对设备隐患也要详细记录。

（2）操作人员要做好设备点检（日常的定期预防性检查）记录，每班按点检要求对设备做逐点检查、逐项记录，对点检中发现的隐患，除按规定要求进行处理外，对隐患处理情况也要按要求认真填写，将检修记录和点检记录定期汇集整理后，上交设备管理部门。

（3）填好设备故障修理单，有关技术人员会同维修人员对设备故障进行分析处理后，要把详细情况填入故障修理单。故障修理单是故障管理的主要信息来源。

原始数据统计其实是监测设备状态的基本手段。它包括对机器设备的状态监测，即监测设备的运行状态，如监测设备的振动、温度、油压、油质、泄漏等情况；对生产过程的状态监测，即监测由多个因素构成的生产过程的状态，如监测产品质量、流量、成分、温度或工艺参数等。状态监测既有主观的，也有客观的。主观型状态监测由设备维修或检测人员凭感官感觉和技术经验对设备的技术状态进行检查和判断；客观型状态监测由设备维修或检测人员利用各种监测器械和仪表，直接对设备的关键部位进行定期、间断或连续监测，以获得设备技术状态（如磨损、温度、振动、噪声、压力等）变化的图像、参数等确切的信息，是一种能精确测定劣化数据和故障信息的方法。设备的原始数据统计工作应认真做好，保证数据客观、真实、有效。

二、分析

对统计数据进行分析的目的在于了解修理及更换零部件的情况，掌握设备劣化的速度和趋势，探索故障发展的规律。分析的结果与意见应及时反馈至设备管理部门，以便改进使用、检查及维护方法，调整检查、维护项目，修订维护计划。

对统计数据进行分析应注意数据的完整性和准确性，正确选择分析方法。由于统计数据只反映历史的情况而不反映现实条件的变化对设备运行的影响，在分析问题时应注意现实条件的变化，进行综合评价分析。

例如，对与某缺陷相关的原始数据的分析可以采取如下思路：确定缺陷分析流程图，提出缺陷分析的规范、责任划分、缺陷处置程序等，召开多种形式的分析会，分析造成缺陷的原因（如设备巡检检查不到位、维修不及时、维修信息不到位、备件准备不及时等），提出分析评价意见，对缺陷的性质进行明确的判定，按责任划分各级责任人，以便进一步处置、汇总、评价、考核及改进，从而增强预知能力。

分析方法可以采用分层法、因果分析法、排列图法、直方图法等。

1. 分层法

由于设备运行状况、趋势、费用、缺陷或故障等影响因素众多，分层法是根据管理和分析目的按不同的分层方法分析原始数据，如按不同的运行时间、不同的区域或部位、不同的班组等进行分析。如某冷库由 A、B、C 三个班组进行运行管理，统计 60 个时点的参数，共 12 个时点库温不正常，占 20%，具体问题何在，可以采用分层法统计后进行分析。经分析，最后确认库温不正常主要出现在 C 班组，见表 4–8。

表 4–8　分层统计分析表

班组	统计时点	不正常时点	班组不正常率（%）	占不正常时点总数（%）
A	20	2	10	16.7
B	20	4	20	33.3
C	20	6	30	50
合计	60	12	—	100

2. 因果分析法

因果分析法通过因果图表现，因果图又称鱼骨图或石川图。因果分析法通过对问题的原因逐层深入排查，确定主要原因，如图 4–1 所示。

因果分析法的分析要点是：确定第一层要因（大骨）时，现场作业一般从“人、机、料、法、环”着手，管理类问题一般从“人、事、时、地、物”着手，应视具体情况决定；第二层要因是第一层要因的各个因素。

绘图分析过程：填写“鱼头”，即问题或现象，画出“主骨”；画出“大骨”，填写大要因；画出“中骨”“小骨”，填写中、小要因。广泛听取意见，进行充分分析，识别主要原因。

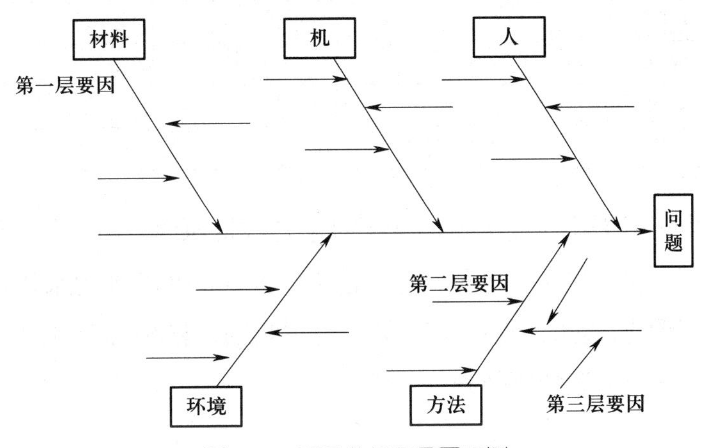

图 4–1　因果分析鱼骨图示例

3. 排列图法

排列图又叫主次分析图。排列图法的应用是建立在 ABC 分析法基础之上的，A 类因素是关键原因，B 类因素有一定影响，C 类因素影响很小。

排列图中有两个纵坐标、一个横坐标、若干个柱状图和一条自左向右逐步上升的折线。左边的纵坐标为频数，右边的纵坐标为频率或称累积占有率。一般情况下，横坐标为影响因素，纵坐标表示影响程度，折线为累计曲线。

根据排列图能够从众多的原因中找出最重要的因素，能清楚地看到各类因素的影响程度，能了解该原因在全体因素中的重要程度，具有较强的说服力，被广泛应用于调查产生缺陷及故障原因的工作中。

绘制排列图的步骤如图 4–2 所示：收集数据，按内容或原因对数据分类，然后统计、整理数据，计算累积数，计算累积占有率，做出柱形图，标出刻度，画出累积曲线，填写有关事项。

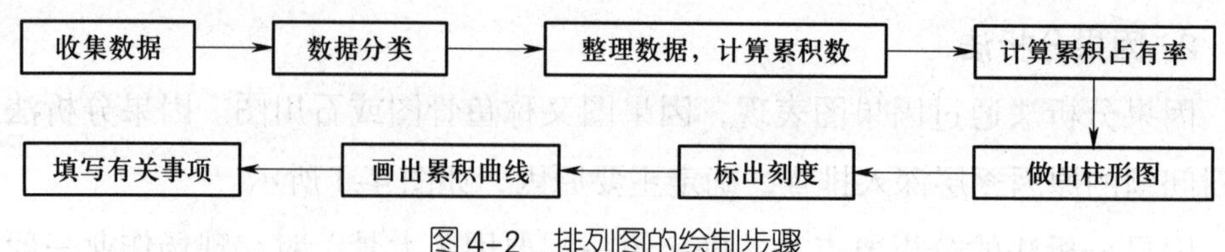

图 4–2　排列图的绘制步骤

例如，某冷库不正常停机的原因记录统计见表 4–9。

表 4–9　不正常停机原因记录统计表

序号	原因	频数 *m*	频率 *f*（%）	累计频率 *f*（%）	类别
1	断水	17	58.6	58.6	A
2	水泵损坏	6	20.7	79.3	A
3	误操作	3	10.3	89.6	B
4	停电	2	7	96.6	C
5	其他	1	3.4	100	C
合计		29	100		

从上表中可以看出，要确定的分析对象是停机原因，停机的原因主要有断水、水泵损坏、误操作、停电及其他，前三个要素的频率加起来达到了 89.6%。根据这些统计数据绘制出如图 4–3 所示的排列图，横坐标是所列举原因的分类，纵坐标是各类原因的频数与累计频率。

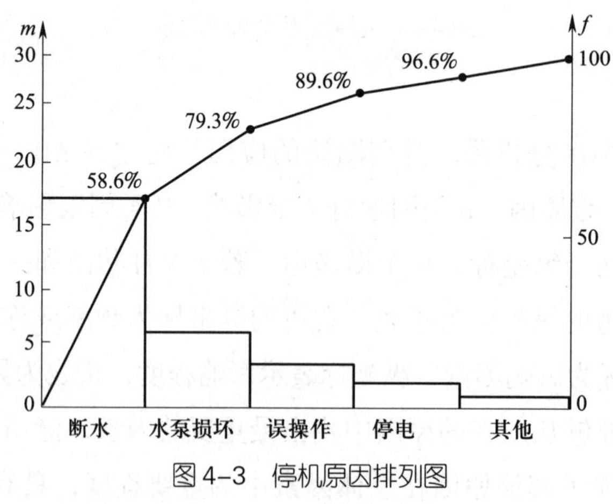

图 4–3　停机原因排列图

从排列图中可以得出以下结论：累计频率百分数在 0 ~ 80% 的因素是关键原因，即断水与水泵损坏是造成停机的主要原因，属于 A 类因素（A 类因素一般不宜超过三个）；累计频率百分数处在 80% ~ 90% 的因素对停机有一定的影响，属于 B 类因素；其他因素对停机的影响很小，属于 C 类因素。

4. 直方图法

直方图法是全面质量管理过程中进行质量控制的重要方法之一。直方图法适用于对大量数据进行整理加工，找出其统计规律，也就是分析数据分布的形态，以便对其整体的分布特征进行推断。

直方图是将得到的一批数据按顺序整理，并将它划分为若干个区间，统计各区间内的数据频数，把这些数据频数的分布状态用直方形表示的图表。通过对直方图的研究，可以探索质量、运行参数等的分布规律，分析生产及运行过程是否正常。例如，根据某冷藏品生产吨产品耗电量数据（见表 4–10）绘制的直方图如图 4–4 所示。图中频数指的是特定耗电量区间的数据在表 4–10 中出现的次数。

表 4–10 某冷藏品生产吨产品耗电量数据

序号（周）	吨产品耗电量数据（kW · h/t）					最大值	最小值
1	39.8	37.7	33.8	31.5	36.1	39.8	31.5
2	37.2	38.0	33.1	39.0	36.0	39.0	33.1
3	35.8	35.2	31.8	37.1	34.0	37.1	31.8
4	39.9	34.3	33.2	40.4	41.2	41.2	33.2
5	39.2	35.4	34.4	38.1	40.3	40.3	34.4
6	42.3	37.5	35.5	39.3	37.3	42.3	35.5
7	35.9	42.4	41.8	36.3	36.2	42.4	35.9
8	46.2	37.6	38.3	39.7	38.0	46.2	37.6
9	36.4	38.3	43.4	38.2	38.0	43.4	36.4
10	44.4	42.0	37.9	38.4	39.5	44.4	37.9

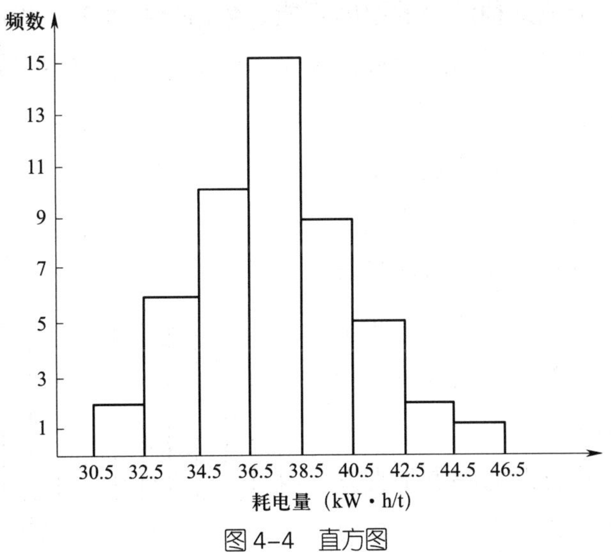

图 4–4 直方图

一般情况下，预期值在直方图图形的中心附近最高，越向左右则越低，多呈左右对称的形状。但在实际情况下会形成各种各样的图形，具体分为正常型、孤岛型、折齿型、双峰型和陡壁型等。

（1）正常型直方图是最为常见的图形，其特点是中心附近频数最多，离开中心则逐渐减少，呈现左右对称的形状。当设备运行参数、功耗等处于稳定期的时候，数据分布情况应该是呈现出正常型的特点，接近于正态分布，只有这样才是经济合理的受控状态。正常型直方图如图 4–5 所示。

（2）孤岛型直方图的特点是在直方图的左端或者右端出现分立的小岛。当有异常原因，例如测量仪表错误时，会产生孤岛型直方图。孤岛型直方图如图 4–6 所示。

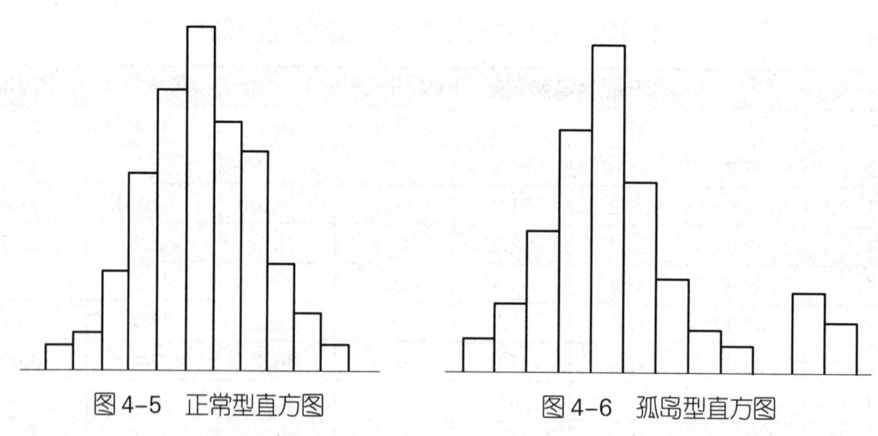

图 4–5　正常型直方图　　图 4–6　孤岛型直方图

（3）折齿型直方图的特点是在区间的某一位置上频数突然减少，形成折齿形或者梳齿形。造成这种结果的原因可能是数据分组太多、测量误差过大，或者是观测数据不准确等，出现这种情况时，应重新收集和整理数据。折齿型直方图如图 4–7 所示。

（4）双峰型直方图的特点是中心附近分布频数较少，左右各出现一个峰状。造成这种结果的原因可能是观测值来自两个数据集合，产生了两个分布，说明数据分类存在问题。双峰型直方图如图 4–8 所示。

（5）陡壁型直方图的特点是直方图平均值偏离中心而靠近一侧，频数

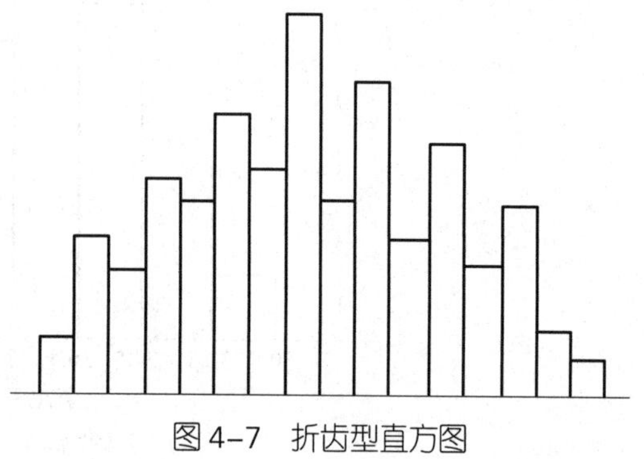

图 4–7　折齿型直方图

多集中于同一侧，另一侧则逐渐减少，形成一侧较陡、左右非对称的图形，如图 4–9 所示。

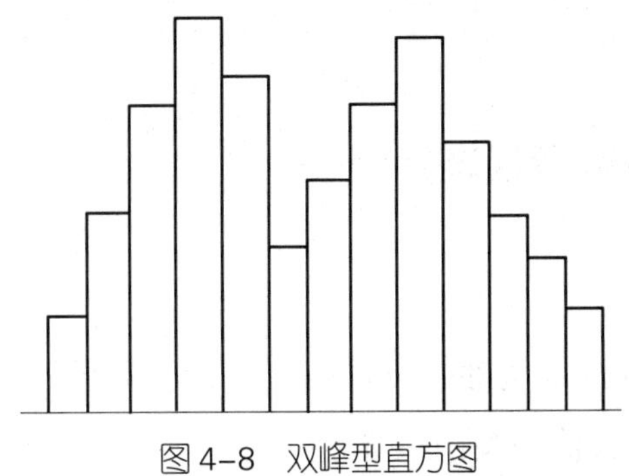

图 4–8 双峰型直方图

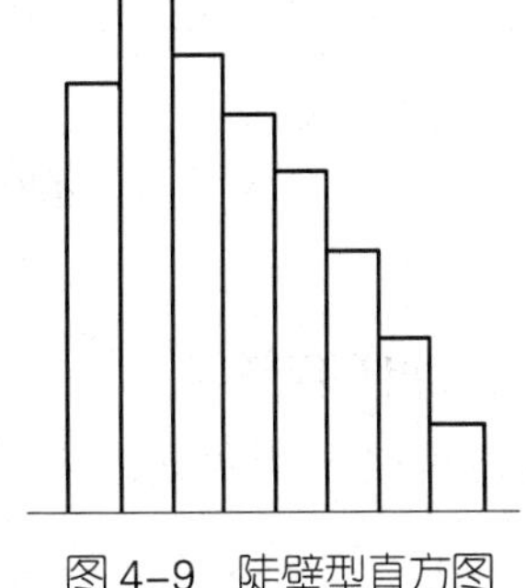

图 4–9 陡壁型直方图

通常可以通过分析直方图数据分布情况得到设备运行规律，为决策提供依据。如图 4–10 所示，图中 T 为标准界限，B 为数据分布。通过观察可知：图 a 体现了设备运行经济合理，正常、稳定、受控；图 b 数据分布偏下限，说明易出现缺陷或故障，应提高注意力；图 c 数据分布已达标准界限，说明设备能力处于临界状态，应采取措施；图 d 数据分布距标准界限较远，说明设备能力偏大，不太经济；图 e 和图 f 数据分布已经超过标准界限，说明设备及运行存在缺陷，应分析原因，采取措施。

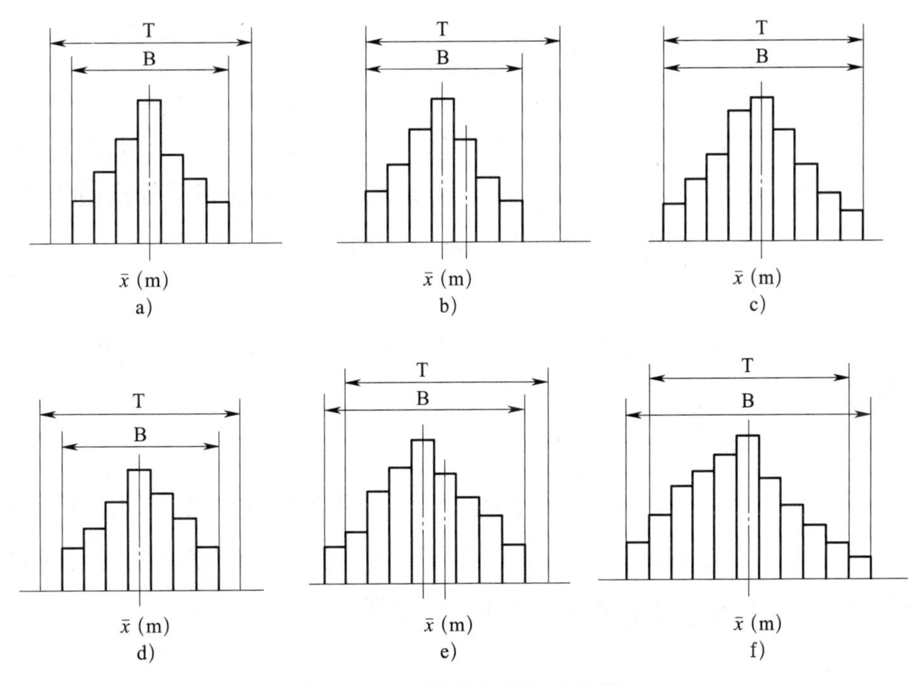

图 4–10 直方图与标准上下限

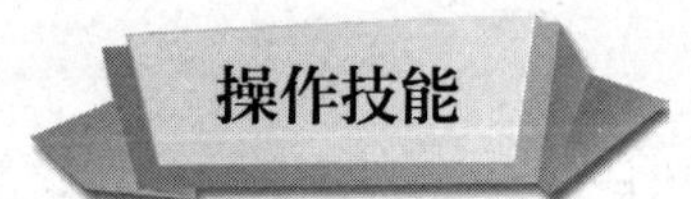

操作技能

制冷设备运行状态判断

一、操作准备

需要掌握原始数据，主要有随机技术文件、技术档案、运行原始记录、检查维护记录、故障记录、维修记录及其他相关记录等。

二、操作步骤

步骤 1　查阅记录

原始记录是对设备的状态监测。判断设备运行状态，首先应查阅各种技术文件及原始记录，对于运行及维护等情况进行详细掌握。

步骤 2　统计分析

运用不同的统计分析方法，对设备运行数据进行整理分析。统计数据应准确、全面，分析方法应选择正确。由于影响因素众多，条件时刻在变化，在分析设备运行状态时应综合分析，综合考虑维护、缺陷、故障、费用、技能及缺陷发展趋势等，保证评价的科学性。

步骤 3　形成报告

在详尽、科学的分析之后，对设备运行状态进行综合评价。对设备基础管理、运行管理、检修管理、备件管理、能源管理、润滑管理等提出决策依据，努力做到精细、有效，提高管理效率、降低管理成本。

步骤 4　上报

对设备运行状态的判断是管理的决策依据，形成报告后应上报相关管理部门，以便开展下一步的工作。

三、注意事项

判断设备运行状态的前提条件是详尽统计、分析有关数据，因此所有的原始数据应保证其准确性、完整性。只有全面、真实、有效的原始数据才能体现设备的真实运行状态，才能揭示设备运行的规律。

学习单元 5　设备台账的建立

熟悉设备管理工作的基本内容
能够建立设备台账

一、设备管理工作的基本内容

设备管理工作的基本内容是在有关法律、法规、标准规范、体系等的要求下，按照企业的基本制度，从技术、经济等方面采取措施，对设备从规划、设计、制造、选型、购置、安装、使用、维护、修理、改造直至报废处置等各阶段进行全过程管理，做到经济、高效地使用设备，为企业生产经营奠定坚实的物质基础。

设备管理是设备整个寿命周期内所有部门和全部工作人员参与的工作。

1. 设备购置

设备购置属于设备前期管理的范畴。设备前期管理是指从规划到投产这一阶段的全部工作，是设备管理过程中的前半程管理。

设备前期管理主要是对引进设备的管理，引进设备是企业扩大再生产的过程，也是企业的一个新的发展方向，它将直接影响企业的经济效益和利润。对新设备的引进应该遵循实用、先进、经济的原则。凡是最适合本企业发展的就是最实用的，凡是能生产最好产品的就是最先进的，凡是能给企业带来最大经济利益的就是最经济的。

设备的选型和评价主要是以技术上先进、经济上合理为原则，考虑满足生产上的需要，选择最优方案，并进行技术经济论证和评价。一般考虑以下方面。

（1）资本预算计划，融资条件；价格、利率、支付方式及保险费用等。

（2）技术过时风险大小。

（3）节能，指能源利用、消耗的性能，要适应世界能源发展趋势，能利用替代能源等。

（4）环保，设备的噪声和排放的有害物质对环境的污染要最小化。

（5）成套，指设备要配套，兼容性强。

（6）灵活，在工作对象固定时，设备能够适应不同的工作条件和操作手段，使用灵活方便；工作对象变动时，能够适应多种工况性能，通用性强。

（7）技术性能与生产效率。设备应有较高的生产效率，运转费用应合理。

（8）可靠，精度、性能保持性高，零件耐用，安全可靠；产品质量保证程度高。

（9）维修，可修、易修，维修方式与维修费用较低。

（10）耐用，指设备在使用过程中所经历的经济寿命期要长。

2. 设备使用、维护

根据设备性能和使用要求，正确、合理地使用设备，防止不按操作规程和不按使用范围进行操作，特别要严格禁止超负荷使用设备。力求减轻设备磨损，保持设备良好的性能，延长设备的使用寿命；防止设备、人身与产品质量事故；减少或避免设备闲置，提高设备利用率；使设备能优质、高产、低耗、节能、安全地运行。应针对设备特点，合理安排生产任务；要全员参与设备管理工作，操作人员也应参与。

3. 设备检查、维护保养和修理

检查、维护保养和修理是设备管理的中心环节，工作量最大。应在掌握磨损、缺陷、故障规律的基础上，合理制定设备检查、维护保养与修理的周期和作业内容；组织维修所用备品和配件的供应储存；利用先进的检修技术，如标准化检修工具、远程检测技术等，灵活地运用各种维修方式，如部件修理法、分步修理法、同步修理法等，及时做好设备的维护保养工作，减轻设备的磨损，延缓设备性能及效率的降低速度。

4. 设备更新与改造

根据提高产品质量、发展新产品、改革旧产品和节约能源的需要，有计划、有步骤、有重点地积极进行设备的改造与更新工作。它包括编制设备的改造更新规划，进行设备改造方案和新设备的技术经济论证，筹集改造更新资金，合理处理老设备等。

（1）设备磨损

要熟悉设备磨损的概念与设备磨损的类型。

（2）设备的寿命

设备的寿命是指设备从开始使用到淘汰的整个时间过程。包括自然寿命、技术寿命、经济寿命等。

（3）设备的更新与补偿

设备的更新与补偿要比选更新方案，遵循一定的更新原则，合理确定更新期。

二、设备台账管理

1. 设备的分类、编号与登记

（1）设备分类

企业的设备一般分为生产设备和非生产设备两大类。生产设备是指直接用于生产产品的设备，即从原材料投入生产开始到产品出厂前为止，整个生产过程中所使用的各种设备。生产设备又分为主要生产设备和非主要生产设备。非主要生产设备是指不直接用于产品生产的设备，如基本建设、科研试验和管理上用的设备等。

（2）设备编号

在设备分类的基础上进行编号，编号的方法一般有两种。

一种是企业固定资产编号（要做好编码说明），一般采用两节号码的编号方法。第一节用三位数字代表设备的类别和组别，其中第一位数字表示“大类”，第二位数字表示“小类”，第三位数字表示“组别”。第二节数字表示该组设备在厂内的顺序号。两节号码中间用短线连接。可以参考《固定资产等资产基础分类与代码》（GB/T 14885—2022）进行设备编号。制冷设备标准编号见表 4–11。

表 4–11　制冷设备标准编号

编码	项目	单位	备注
16	制冷空调设备	台	民用制冷空调设备入 631 ~ 632 有关类
161	制冷压缩机	台	
161100	离心式制冷压缩机	台	
161200	螺杆式制冷压缩机	台	
161302	吸收式制冷压缩机	台	
161400	回转式制冷压缩机	台	
1615	活塞式制冷压缩机	台	

续表

编码	项目	单位	备注
161501	开启活塞式制冷压缩机	台	
161502	半封闭活塞式制冷压缩机	台	
161503	全封闭活塞式制冷压缩机	台	
161599	其他活塞式制冷压缩机	台	
162000	冷库制冷设备	台	
163000	冷藏箱柜	台	
164000	制冰设备	台	
165000	空调机组	台	
166000	恒温机、恒温机组	台	
167000	去湿机组	台	
168000	专用制冷与空调设备	台	
169000	其他制冷空调设备	台	

另一种是以机器设备的型号编号。机器设备型号表示该机器的名称、大小、性能和特征。不同行业的机器设备型号编号方法不同，可以按照国家或主管部门规定的标准进行编号。

（3）设备登记

在设备分类编号的基础上，由设备管理部门填写“设备投产移交单”，交给使用单位验收。在移交验收的同时，使用单位和财务部门共同登记“固定资产卡”和“设备台账”，并定期复查核对。设备的变动、折旧等，均要在账册上反映出来。

2. 设备台账管理与使用

建立设备台账，是掌握设备技术状况，管好、用好、修好设备的重要手段，必须重视设备台账的管理工作，建立健全设备台账。根据设备有关资料及检修、消缺、改造等情况，及时、准确、清晰地填写设备台账。

（1）设备台账管理应注意的问题

设备台账管理可以利用专门的应用软件，以方便管理与使用。在设备台账管理使用中应注意以下问题。

1）建立健全设备台账管理方案和制度，定期对设备台账管理进行检查考核。

2）明确职能与分工。包括各单位及各部门的职责，建立设备台账及进行日常维护的责任人。定期根据设备台账记录对设备进行运行分析，根据各部门的生产实际，制定设备台账维护、保管、使用等环节的管理办法等。

3）明确设备台账的内容及设备台账的建立。

（2）具体的设备台账管理使用方法

1）建立设备专责人制度，明确设备专责人的职责和权限，设备专责人负责该设备台账的维护工作。

2）设备专责人应按照设备台账的内容收集设备技术资料，按照统一的格式填写设备台账，并应根据设备的试验、检修、改造情况做好台账的维护工作，确保设备台账与设备的实际运行情况相符合。

3）设备专责人应根据设备台账定期对设备进行中长期的分析和设备评级，对非一级设备提出改进意见。

4）对设备台账实行集中管理，各单位应根据本单位的实际确定设备台账的集中管理层次。

5）设备台账的维护、借阅等应有记录，做到使用可追溯。一般应在设备台账存储室维护、借阅，可以规定除该设备专责人外禁止任何人将设备台账带出存储室。

建立设备台账

一、操作准备

明确设备台账的管理职能、管理内容与要求、检查与考核规定，如设备台账管理体系包括的设备台账目录和维护、保管、使用制度等；熟悉规范性引用文件；配备硬件，有条件的可配备相关软件。

二、操作步骤

步骤 1　收集资料

（1）设备的型号、规格、出厂日期、主要技术参数、操作手册、质保书、有关图样资料清单、说明书等。

（2）设备的购置价格、安装及投运日期。

（3）随设备配备的专用工具、仪器及备品配件等情况。

（4）调试记录和历次试验定检记录。

（5）对安装问题的处理情况以及遗留问题。

（6）年度检修调试情况。

（7）改造变动情况。

（8）发生的缺陷及处理情况。

（9）零配件更换情况以及维护周期等。

（10）检修作业文件，包括检修工艺标准及质量标准等。

（11）准确的原始记录。

步骤 2　整理

（1）整理分析技术资料。

（2）根据设备安装地点、类别、功能等进行科学的分类。

（3）拟定台账格式，建立的设备台账要层次清楚、管理方便。

步骤 3　建立台账

（1）对设备命名、编码及分类，按本单位设备命名管理标准及点检定修管理标准进行。

（2）规范填写设备数据，包括设备型号、规格、出厂编号、出厂年月、制造厂家、投用日期、技术参数等。

（3）备品配件数据，包括储备定额及实际储备数量、领用登记情况等。

（4）专用器具情况，包括计量器具等。

（5）评级记录，要执行本单位设备评级管理标准。

（6）经过规定程序批准、签字、盖章生效。

三、注意事项

1. 设备台账建立要全面、细致，以利于规范管理。

2. 设备台账建立前各部门应组织力量制定完善的设备台账目录，以使建立的设备台账系统、完整。

3. 特种设备应建立独立的技术台账，以使技术监督工作能够有效进行。

4. 设备台账应在设备投运前建立。如果因技术资料收集困难而无法建立完整的设备台账，也应该先建立设备台账的管理体系。

学习单元 6　设备维修档案的建立

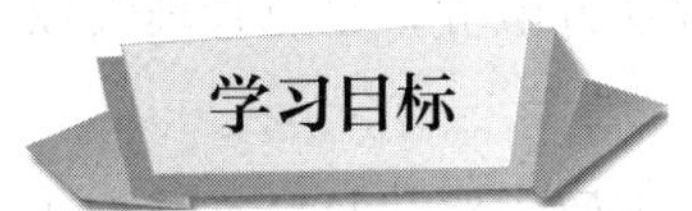

熟悉设备技术档案基本知识

能够建立设备维修档案

一、设备技术档案基本知识

1. 设备技术档案的作用

设备技术档案是掌握设备使用技术情况及发展趋势的重要工具，能为设备运行、维护、更新等寿命全过程提供翔实的资料，是设备管理工作不可缺少的重要组成部分。同时，建立设备技术档案、正确保管与使用设备技术档案也是相关法律、法规、企业管理体系的基本要求。

2. 设备技术档案管理体系建立

任何组织的设备管理部门或相关管理部门都应建立设备技术档案管理体系，设立设备技术档案管理人员，做好技术文件资料的收集、整理、归档工作，有关的技术负责人应负责组织各项技术文件资料的签证、收集、整理和归档。

3. 设备技术档案管理要求

设备技术档案管理的最基本要求是及时收集、保存各种技术文件资料并整理、归档，书面文件应由责任人签字确认，管理人员应做好档案及技术文件的收发登记等工作。具体要做到以下几点。

（1）资料要真实、正确、及时、规范。

（2）以信息部门的管理为指导，在决策、管理和生产一线建立技术文件资料收集网络，确保技术文件资料收集无遗漏。

（3）明确技术文件资料的审查程序和责任人，确保技术文件资料的质量。

（4）整理分类要满足实际应用的需求。

（5）技术文件资料的分发、借阅及回收要可追溯，应避免丢失等不可控现象。组卷、归档、移交要按有关管理法规进行，本单位应留存档案的原件。法规规定要移交有关部门的重要档案，在移交时应办理正式手续，签署证明文件，双方负责人应签名并加盖双方单位公章。

4. 设备技术档案管理的保障措施

（1）设立专职、兼职技术档案管理负责人，配备档案或资料室及工作人员。

（2）建立、完善各项管理制度，如工作程序、责任分解等，避免管理失控造成损失。

（3）管理手段要先进，应配备适宜的软、硬件，编码、登记及检查等作业要快捷、方便。

（4）要有适宜的存放环境，设备技术档案应存放于通风干燥、采光照明良好、温湿度条件适宜、消防设施齐全、防小动物入侵、抗电磁干扰、通信畅通的场所。

5. 设备技术档案所需文件资料的类别

建立设备技术档案需收集大量的技术文件资料。主要包括以下几种。

（1）设计文件、施工图及设计变更文件。

（2）技术标准与规范，包括本单位制定的规范文件。

（3）设备施工时的技术文件。

（4）设备的随机技术文件，如安装布置说明书、管道配置说明书、使用保养维修说明书、装箱单、备品备件目录、合格证、质保证明书等。

（5）各种试验、检测、检验、验收报告及评定记录。如设备开箱检查记录、原材料检验检查记录、基础与结构验收记录、隐蔽工程验收记录、试验检测委托书、返修通知单、工序交接资料、中间验收资料、施工见证资料、施工记录、竣工验收记录、竣工图、周期检定报告等。

（6）试压、试漏、试运行记录。

（7）设备台账。

（8）运行、维修、改造记录等。

二、设备维修档案基本知识

1. 建立设备维修档案管理的工作内容

设备维修档案管理的工作主要是收集各项安装、运行、维护原始资料，按既定程序整理、归档，并按法规及单位制度要求管理、保存、移交档案等。

设备维修档案所需的主要文件资料有：设备原始运行记录，巡检记录，设备台账，各级保养记录，维修记录，大修记录，改造、更新记录，维修效果分析，备品备件计划与储存及使用记录，自制零件记录，冷冻机油及制冷剂添加记录，资源消耗统计资料，技术培训及安全教育记录，安全检查记录，事故分析报告，应急预案演练记录，计量检定报告，操作规程，作业指导书等。

2. 设备维修档案的建立方法

（1）收集、整理

建立收集网络，及时、不遗漏地收集有效、翔实的文件资料，并按规定程序收集。

分类整理，对技术文件资料可以按对象、任务、作业阶段、管理功能等分类方法进行分类，要有针对性、符合性，应方便归档、使用。

（2）归档、保存

遵照法律、法规及本单位的标准规定，把经认真整理的技术文件资料按其性质编码，建立索引，形成卷宗，需移交有关部门的档案按移交程序办理。

（3）借阅、使用

对于查阅档案、借阅技术文件资料应按设备技术档案管理的规定进行，遵守各项制度，并建立台账。妥善保管借阅台账，使资料流转有可追溯性，避免造成文件资料丢失。

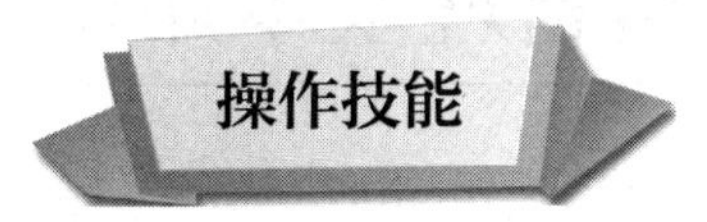

建立设备维修档案

一、操作准备

操作准备工作主要是收集原始资料。

主要收集安装作业全过程的技术文件、设备随机技术文件、原始运行记录、巡检记录、各级保养记录、维修记录、大修记录、维修效果分析报告、备品备件使用记录、冷冻机油及制冷剂添加记录、资源消耗统计、安全检查记录、事故分析报告等资料，做到真实、正确、及时、规范、无遗漏。

二、操作步骤

步骤 1　整理

对收集的设备技术文件资料按程序进行审查，经相关责任人签字后，按规定及文件性质进行整理分类，分类方法要得当，有针对性、符合性。

步骤 2　编码、建立索引

遵照法律、法规及本单位的标准规定，对经认真整理的技术文件资料进行编码，建立索引和卷宗。编码及索引应利于立卷、条目清晰、便于查询。

步骤 3　归档

按规定进行归档，存放环境要适宜、安全。需移交有关部门的档案按移交程序办理。

三、注意事项

1. 文件资料收集应全面，审查程序要符合规定，保证各项记录的真实性。

2. 整理分类应有针对性，归档应有符合性，以利于查询、使用。

3. 应特别注意保护收集与整理上来的各种格式的电子资料。要防止误操作或非法操作使数据丢失、损坏，重要的数据资料更应妥善保存，必要时应进行加密控制。

学习单元 7　制冷系统节能运行与管理基本知识

熟悉环保与节能知识

能够提出环保和节能降耗措施

一、资源与能源

1. 自然资源

自然资源一般指天然存在于自然界中的人类可以利用的自然要素和条件。广义的自然资源包括实体性自然资源和环境资源，它们能给予人舒适性、提供生产发展场所等，即指在一定的时间条件下，具有某种功能以提高人类当前和未来生活条件的自然环境因素的总称。狭义的自然资源则是指存在于自然界中的实体性资源，即在一定社会经济技术条件下能够产生生态价值或经济价值，从而提高人们当前或可预见未来生存质量的天然物质和自然能量的总和。

自然资源的性质是稀缺性、整体性、地域性、多用性、社会性与可变性。自然资源，就其地域组合和分布规律来说，有其自然属性；就其开发利用和与生产布局的关系来说，又有其社会属性。随着社会生产力和科学技术的发展，人类开发利用自然资源的广度（种类和范围）和深度（使用价值）也日益增加。

根据自然资源的再生性质，自然资源可以分为可再生资源和不可再生资源。人类社会通常按自然资源与人类社会生活和经济活动的关系，将自然资源分为矿产资源、土地资源、水资源、气候资源、生物资源、海洋资源、其他资源等多个方面。地理学家哈格特提出的分类方法是把自然资源分为三种，分别为恒定性资源、储存性资源和临界性资源。

2. 能源

能源是资源的一种，是人类赖以生存和进行生产的不可缺少的资源，是自然界中能为人类提供某种形式能量的物质资源，包括煤炭、石油、天然气、风、河流、海流、潮汐、草木燃料及太阳辐射等。人类利用能源的过程，其实是能量转换和传递的过程。

（1）能源的分类

能源种类繁多，根据不同的划分方式，可分为不同的类型。

1）按来源分为地球本身蕴藏的能源、来自地球外部天体的能源、地球和其他天体相互作用而产生的能源。

2）按能源的基本形态分为一次能源和二次能源。

3）按能源性质分，有燃料型能源（煤炭、石油、天然气、泥炭、木材）和非燃料型能源（水能、风能、地热能、海洋能）。

4）根据能源消耗后是否造成环境污染可分为污染型能源和清洁型能源，污染型能源包括煤炭、石油等，清洁型能源包括水力、电力、太阳能、风能以及核能等。

5）根据能源使用的类型又可分为常规能源和新型能源。人们通常按能源的形态特征或转换与应用的层次对其进行分类。世界能源委员会推荐的能源类型有固体燃料、液体燃料、气体燃料、水能、电能、太阳能、生物质能、风能、核能、海洋能和地热能。

6）商品能源和非商品能源。凡进入能源市场作为商品销售的，如煤、石油、天然气和电等，均为商品能源。国际上的统计数字均限于商品能源。非商品能源主要指薪柴和农作物残余（秸秆等）。

7）再生能源和非再生能源。凡是可以不断得到补充或能在较短周期内再生成的能源称为再生能源，反之称为非再生能源。

随着全球社会、经济发展对能源需求的日益增加，人类社会更加重视对可再生能源、环保能源以及新型能源的开发与研究。随着人类科学技术的不断进步，科学家们会不断开发研究出更多新能源来替代现有能源，以满足全球人类生存与发展对能源的高度需求，而且还有很多尚未被人类发现的新能源正等待我们去探寻与研究。

（2）能源危机

目前，石油、煤炭等大量使用的传统化石能源枯竭，同时新的能源生产供应体系又未能建立，由此引发的在交通运输业、金融业、工商业等方面的一系列问题统称为能源危机。

能源危机从某种意义上说就是自然与人类危机，消耗传统能源排放的巨量二氧化碳对地球气候的影响则是更大的危机。

3. 碳达峰、碳中和政策

碳达峰，是指二氧化碳排放量达到历史最高值，然后经过平台期进入持续下降的过程，也是二氧化碳排放量由增转降的历史拐点；碳中和，就是指通过能效提升和能源替代将人为活动排放的二氧化碳减至最低程度，然后通过森林碳汇或捕集等其他方式抵消二氧化碳的排放，实现源与汇的平衡。为应对气候变化，我国提出“二氧化碳排放力争于2030年前达到峰值，努力争取2060年前实现碳中和”等庄严的目标承诺。在2021年的政府工作报告中，“做好碳达峰、碳中和工作”被列为重点任务之一；“十四五”规划也将加快推动绿色低碳发展列入其中。

二、可持续发展

社会、经济的可持续发展，首先应该实现能源的可持续发展。必须寻找一些既能保证有长期足够的供应量又不会造成环境污染的能源。而目前人类面临的问题正是能源资源枯竭，环境污染严重。

为了实现能源的可持续发展，一方面必须“开源”，就是积极开发和利用各种新能源和可再生能源。大力开发水能、生物质能等常规能源，加强核能、太阳能、风能、沼气、海洋能、地热能以及其他各种新能源的研究和利用，从而不断扩大能源资源的种类和来源。另一方面还要“节流”，即调整能源结构，大力实施节能减排。节能是世界上许多国家关心和研究的重要课题，甚至有人把节能称为世界的“第五大能源”，与煤炭、石油和天然气、水能、核能等并列。

1. 开发新能源和可再生能源

开发新能源和可再生能源是能源可持续发展的必由之路。例如，我国的核电装机容量不到发电装机容量的 2%，远低于世界 17% 的平均水平，因此应当采取有效措施，解决技术路线、投资体制、燃料保障等问题，加快我国核电发展。同时，我国的风电资源量在 10 亿千瓦左右，目前仅开发了几百万千瓦，因此应当对风电发展进行正确引导，促进能源可持续发展。

2. 节能减排

节能减排是实现能源可持续发展的关键。能源利用消耗高、浪费大、污染严重，欲缓解能源供需矛盾问题，必须节约和合理使用，提高其利用效率，严格控制高耗能产业发展，淘汰落后产能。同时发展循环经济，积极开展清洁生产，节能减排应从每个人、每个家庭做起。

三、节能降耗措施

节能是采取技术上可行、经济上合理以及环境和社会可接受的措施，来更有效地利用能源资源。要达到这一目的，就需要从能源资源的开发、利用出发，更好地进行科学管理和技术改造，以实现提高能源利用效率和降低单位产品的能源消费。由于常规能源资源有限，而世界能源的总消费量随着社会的进步越来越高，国际社会十分重视节能技术的研究（特别是节约常规能源中的煤炭、石油和天然气，因为这些同时还是宝贵的化工原料，尤其是石油，它的世界贮藏量相对较少），千方百计寻求替代能源，开发利用新能源。

1. 广义措施

（1）全社会要提高节能环保意识，每个国家、组织及公民都应承担起保护环境的责任与义务。

（2）政府应加强相应的立法与执法，对节能减排给予政策与资金扶持。

（3）提高能源加工、转换、贮运和终端利用综合效率。

（4）在能源开发领域提高能源开发科技水平，加快替代及再生能源开发。

（5）作为家庭与个人，要遵守有关法律、法规，例行节约、反对浪费。如减少一些不必要的汽车使用以节约燃料，减轻对石油等传统能源的依赖。

（6）应用领域应提高技术装备水平和管理水平。如改进各种用能设备，不向环境直接排放废液、废水、废热，以免污染环境，做好回热利用，节约大自然的资源等。多利用特高压输电、烟气脱硫技术、新型汽车（如采用混合动力、燃料电池、氢动力、太阳能等的汽车）等。空调制冷中应用节能的水冷涡旋模块式水机、风冷模块式水机、数码涡旋、热泵热水器、热回收机组等。各组织应制定能源消耗指标，加强能源使用绩效考核。

（7）合理使用能源，充分利用旧能源，为新能源的合理使用打好“前站”、做好基础。新建项目应有合理用能分析报告。

（8）恰当利用生物质能。生物质能是利用有机物质（例如植物等）作为燃料，通过气体收集、汽化（化固体为气体）、燃烧和消化作用（只限湿润废物）等技术产生能源。只要适当地执行，生物质能也是一种宝贵的可再生能源。

（9）自然资源是一个动态概念，虽然有些自然资源目前不能提供能源，但随着科学技术的发展与人们对自然认识的深化，以前被认为无价值的物质和条件很可能成为宝贵的资源。例如，随着量子物理学、相对论的建立与有关技术的完善，放射性元素已成为获得能量的源泉。

2. 制冷系统节能

（1）冷库管理方面

冷库是用于食品冷冻和冷藏，并保持一定低温的特殊建筑物。为了减少太阳辐射热的吸收，冷库的外墙表面应涂成白色或浅色，应该根据冷库的特性，实行科学管理，保证安全生产，延长使用寿命，降低生产成本，节约维修费用，提高社会、经济效益。

1）保证隔热、防潮材料的性能。要注意检查，防止受潮、受损，及时修复。

2）要正确使用冷库门。热空气通过库门开启进入库内，不仅会增加热量，使库温升高，而且大量的热湿交换，会使蒸发器结霜严重，导致库内温、湿度波动，影响冷藏品质量。日常管理中应对冷藏门进行有效的维护，确保冷藏门无故障启闭，定期检查密封条和电热丝的性能，随时处理冰、霜、水，保持冷藏门的严密性，并防止运输工具碰撞库门。尽量减少开门次数和开门时间，做到进、出随手关门。在房门内侧应加挂棉门帘或 PVC 软门帘。在库门外侧应正确安装、使用风幕机。

3）冷库照明应分组控制，进库作业应尽量减少开灯数量和时间，人走灯灭。

4）尽量减少库内作业人员及作业时间。

5）对于冷风机，应尽量减少开机时间和开机台数。例如，果蔬贮藏工作中，果蔬刚入库时为快速降温，风机可全部开启，库温稳定后可减少风机开启台数（应保证空气流通质量）。

6）如果冷库利用率低，单位质量货物耗冷量会相对增加，并且干耗增大，所以应采用坚固的包装、货架等，尽量码高，以提高冷库利用率。贮藏特性相同或相近的冷藏品，若互不影响可短时间混存。

7）贮藏品种应合理搭配，贮藏温度相同或相近的冷库应相邻，在贮藏淡季，应尽量让有贮藏品的库相邻。

8）在进行通风换气时，如果可能应在气温较接近库温时进行，换气周期应根据冷藏品的种类和要求合理确定。

（2）设备运行方面

在设备运行方面，应对制冷系统运行状态、运行参数、运行能耗、运行时间、设备性能、维护方式及费用等各个环节进行分析，从管理及技术等多方面有针对性地寻找节能途径、方式、方法。

提出环境保护及节能降耗措施

一、操作准备

在提出节能减排措施之前，应该了解有关节能减排的技术资料。这些资料应包括：有关国际公约，政府间协议，国家法律、法规，有关标准，有关政策；能源及节能常识，环保与可持续发展理论；本行业技术及能耗发展现状，本组织环境体系标准和节能减排现状，节能减排承诺等。

二、操作步骤

步骤 1　系统分析

首先对制冷系统进行分析。如果可能，从系统设计之初就进行综合分析，提出符合国家、社会、环境及组织利益的建设方案。对其特点进行分析，尽力采用环保、节能、新能源方案及节能设施、设备。对现有系统的分析，在于综合利用或寻找节能减排的途径。例如，有文献提出中央空调用电量的30% ~ 40% 都是无效消耗，由于热交换器大量应用，不可避免有热交换器结垢现象，热交换器的铜材质导热系数为 397 W/（m · K），但水垢的导热系数仅为 0.464 ~ 0.697 W/（m · K），只有铜的 0.12% ~ 0.17%，所以应从清洗热交换器方面考虑节能措施。

步骤 2　运行分析

对制冷系统的运行进行分析，对其运行状态、运行参数、运行能耗、运行时间、设备性能、维护方式及费用等各个环节进行分析考核，有针对性地寻找节能途径、方式、方法。如分析某一阶段能耗增加，应对比前段运行参数，查找原因、提出措施，采取措施后再分析运行参数，就可得出结论，实现节能目的。

步骤 3　提出措施

在掌握了系统的特点及运行的详细情况之后，结合组织责任目标及实际条件提出节能措施。

（1）进行节能改造，如使用自动清洗设备。

（2）加强冷却循环水的日常保养。

（3）使用智能感应式节水系统；应用节能型设备，如变频机组；避免设备能力与热负荷不匹配等。

（4）杜绝跑、冒、滴、漏现象发生。

（5）对故障早发现、早维修，保持最高的设备完好率。

（6）加强温度巡视，对于空调，及时、合理地调整空调机组的出水温度；对于冷库，及时开停设备，及时冲霜等。采用智能温控、变频控制等技术。

（7）及时清洁热交换器，使之保持良好的热交换能力，减少能耗。如对空调系统应定期清洗风机盘管，加强风道的清洗。

（8）回收利用润滑油。

（9）利用回热，北方冬季利用自然冷源等。

（10）采用新型节能光源。

（11）垃圾分类回收，材料循环使用，不随意丢弃废品，不向环境直接排放废气、废水、废热、废液等。

步骤 4　形成报告

经综合研究之后，计算能效比等指标，结合组织环境体系要求，提出现实与长远目标，做好措施计划，做出翔实的报告。

步骤 5　上报

上报职能或决策部门，获得支持及批准。

三、注意事项

坚持科学发展观，要对措施的可行性进行详细分析，使节能降耗措施符合实际，取得成效。

培训课程 2

环境保护与管理

学习单元 1　制冷系统噪声处理措施

了解噪声的危害

了解制冷系统噪声的来源和处理方法

能够提出制冷系统噪声的处理措施

一、噪声的危害

噪声污染被视为一种无形的环境污染。它是一种感觉性公害，具有局部性、暂时性和多发性的特点。噪声不仅会影响听力，而且会对人的心血管系统、神经系统、内分泌系统产生不利影响，所以有人称噪声为“致人死命的慢性毒药”。

1. 干扰休息和睡眠

休息和睡眠是人消除疲劳、恢复体力和维持健康的必要条件。但噪声却使人不得安宁，难以休息和入睡。当人辗转不能入睡时，就会心态紧张、呼吸急促、脉搏跳动加剧、大脑兴奋不止，第二天就会感到疲倦、头昏或四肢无力，从而影响工作和学习。久而久之，易患神经衰弱，表现为失眠、耳鸣、疲劳。

2. 损伤听觉视觉器官

如果人长时间遭受强烈噪声作用，听力就会减弱，进而导致听觉器官的器质性损伤，造成听力下降。据统计，长期在 90 dB 以上噪声环境中工作的人，耳聋发病率明显增加。近来又发现噪声在 90 dB 以上，可使人的视网膜中视杆细胞区别光亮度的敏感性降低，对弱光的反应迟缓。随着噪声强度的升高（超过 95 dB），40% 的人瞳孔直径也会扩大，时间一长，可能出现眼疲劳、眼痛、眼花和流泪等现象。

3. 对人体的生理和心理影响

噪声是一种恶性刺激物，长期作用于人的中枢神经系统，可使大脑皮层的兴奋和抑制失调，条件反射异常，出现头晕、头痛、耳鸣、多梦、失眠、心慌、记忆力减退、注意力不集中等症状，严重者可产生精神错乱。这种症状，药物治疗疗效很差，但当脱离噪声环境时，症状就会明显好转。噪声可引起人类神经系统功能紊乱，表现在血压升高或降低，心率改变，心脏病加剧。噪声会使人唾液、胃液分泌减少，胃酸降低，胃蠕动减弱，食欲不振，引起胃溃疡。噪声对人的心理影响主要是使人烦恼、激动、易怒，甚至失去理智。

4. 噪声对语言交流的影响

人们正常语言交流声压级一般为 50 ~ 65 dB（A），一般变化范围可从 40 dB（A）（耳语）到 88 dB（A）（最大嗓音），距离人 1 m 处的平均语言声压级为 57 dB（A）。当环境噪声增大时，人们就需要通过提高音量或者缩短谈话距离来获得满意的交流效果。但当环境噪声大于 70 dB（A）时，提高音量或者缩短谈话距离都难以维持长时间的语言交流。

二、制冷系统噪声的来源

1. 制冷系统的主要噪声来源

（1）制冷机组的振动与运行噪声、冷却塔的振动与运行噪声，除此以外还包括辅助设备水处理、水泵等。

（2）空气从送出口发出形成的风声。

（3）空气在水管中流动形成的水流声以及水管振动噪声。

（4）空调器及风机盘管等设备运行时产生的机械噪声。

（5）外界其他噪声源与其发生共鸣等。

根据噪声来源，可将空调系统的噪声分为设备噪声、气流噪声、振动噪声。

2. 制冷系统噪声的产生

（1）设备运转产生的噪声

设备噪声又称机械噪声，其为制冷系统本身运行时产生的噪声。电磁噪声的产生原因多为制冷设备内部使用的交流电机产生的交流噪声。设备噪声是制冷系统固有的，与其结构设计及制造、实际装配精度有关。

（2）气流产生的噪声

制冷系统的管道内气流产生噪声的机理主要分为两种。一种为气流流动引发管壁的振动，这类固体噪声主要为中低频，服从流速四次方定律；另一种则是由于气流脱硫附面层发出声音，该类噪声从本质上来说是一种偶极辐射，为高频，一般为流速的六次方规则变化。这两种噪声是同时存在的，气流流速较低时为前者，流速提高后主要为后者。而气流产生噪声的主要原因为以下五点：①通风机风扇叶片运行转动带动的湍流；②空气在气管中流动时遇到弯头、三通、支管等配件时产生的湍流；③高速送风气流进入室内静止空气时产生的湍流；④管道中空气流动引起的管壁振动；⑤气流将外界噪声送至室内。

（3）振动产生的噪声

制冷系统中的风系统及水系统中的设备进行运转，如风机、水泵、冷水机组等会产生振动，并通过建筑物的结构进行传播。这类振动会以弹性波的方式通过建筑物的结构基础传至所有与机房相邻的房间，并作为空气声的方式存在。

三、制冷系统噪声的处理

1. 设备噪声的控制

控制设备噪声的主要措施有以下四种。

（1）在进行空调设备的购置时，应当选取低噪声、低转速且型号较小的设备。

（2）在安装设备时，应选择将其集中安装在空调房间的地下室或者设备层，将其作为空调机房。

（3）对于空间较大的空调空间，应使用多台匹数小的室内机，而不应只选用一台匹数大的室内机。

（4）风管机式室内机应当采用后回风而不应用下回风，一定情况下可采用吊顶回风的方式来处理噪声，满足消声需求。

2. 制冷系统的消声

尽管降低气流噪声的主要方式是安装消声器类消声组件，但这会提高工程成本。一般的舒适空调实际上并不会安装消声器，在系统施工过程中进行有效的工艺控制也可以降低气流噪声。主要方法有以下几种。

（1）合理选择风管钢板的厚度。由于气流流过时会引起压力变化导致钢板发生噪声。若使用的主干风管钢板厚度低一级，会明显增加气流噪声。经过实践可以发现，当矩形风管的截面面积为 630 mm × 160 mm 时，若采取 0.5 mm 的钢板会比使用 0.75 mm 的钢板产生的气流噪声高出 3% ~ 5%。

（2）在风管弯头、三通等处安装导流叶片，可以有效减少湍流的出现并降低气流噪声。

（3）避免在风管弯头、三通处安装封口以减少气流噪声。

（4）在施工时，风管应确保平直且内表面平整，尽量减少拼接的情况，在拼接处应确保其牢固，折角处应平直，减少弯头、三通等组件的应用，保证气流的通畅。

（5）在安装风管时应避免错位及扭曲，应连接平直，风口的开口处不得有毛刺。

（6）风管支吊架之间的距离应当合理、稳定并且牢固，这样也可在一定程度上减小气流噪声。

3. 优化设计方案

在空调系统的设计阶段，严格、精确地计算风量和风压。风压的充裕量不能预留很多，否则不仅不节能，反而使噪声增大。同时，尽量避免直角弯头和半径很小的弯头，必要时可以设置消声弯头。风管长度不宜过长，否则钢板振动容易产生噪声；相反也不能太短，否则成为噪声的传递媒介。安装过程中，安装机组和各部分的减振措施，加装减振垫。对于调试中发现的噪声过大的水泵等设备要及时采用隔音罩。

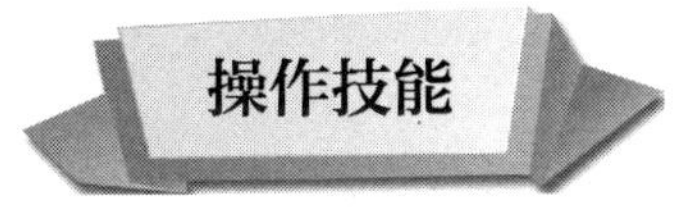

提出制冷系统噪声的处理措施

一、操作准备

在提出制冷系统噪声处理措施之前，应该了解有关噪声产生的原因以及噪声控制的原理等。

二、操作步骤

步骤 1　系统分析

对制冷系统结构进行分析，根据制冷系统的结构特点，分析其噪声可能产生的位置及原因。

步骤 2　系统运行分析

要对制冷系统进行开机运行，通过系统运行过程中的具体表现，检查出噪声产生的具体位置，并分析其原因。

步骤 3　提出措施

在掌握了系统的特点及运行的详细情况之后，结合制冷系统的实际情况提出有效的噪声处理措施。

步骤 4　形成报告

综合研究之后，结合制冷系统实际运行情况，提出符合实际的整改方案，做好措施计划，并生成详细报告。

步骤 5　上报

上报职能或决策部门，获得支持及批准。

三、注意事项

坚持科学发展观，要对措施的可行性进行详细分析，使制冷系统的噪声处理措施符合实际，取得成效。

学习单元 2　制冷系统污水处理措施

了解制冷系统污水的定义

掌握制冷系统污水的处理方法

能够提出制冷系统污水的处理措施

一、制冷系统污水

水冷式制冷机组的循环水系统主要包括冷却水系统和冷冻水系统两部分，其中冷却水系统多为开式循环体系，而冷冻水系统一般为闭式循环体系。虽然水系统的这两个部分各有特点，但存在同样的问题：它们均是以自来水作为工作介质的，在外界条件（如温度、流速、浓度）改变时，水质多表现为不稳定的状态，就会发生结垢、腐蚀、生物粘泥等现象，如果不进行适当的水处理，势必会引起管道堵塞、腐蚀泄漏、换热效率降低等一系列问题，影响整个制冷系统的正常运行。

1. 冷却水系统水质问题

冷却水系统一般采用冷却塔循环冷却，在该冷却过程中，会出现以下情况。

（1）在冷却塔喷洒过程中，由于蒸发及风的影响，造成水量损耗，由于蒸发的水中不含盐分，会引起循环水含盐量增加，进而导致水导电性增加，加速腐蚀过程。

（2）补充水也会带入盐分，产生腐蚀。

（3）循环冷却水通过冷却塔与外界接触，为微生物的繁殖创造条件，会形成污垢，并进一步对管壁造成垢下腐蚀。

（4）循环冷却水与外界接触，水中含氧量高，对管路及设备腐蚀较大。

可见，冷却水系统中较严重的问题是腐蚀，应根据腐蚀成因采用适当的方法处理。

2. 冷冻水系统水质问题

冷冻水系统一般采用闭路循环，循环水与外界接触极少。这样，与冷却水系统相比，在对自来水进行了净化、除氧等处理后，外界杂质进入冷冻水系统的机会极少，因此管路和设备腐蚀较轻。但在冷冻水循环过程中，要经历温度变化，水中一些溶解度很小的盐类浓度会随温度变化而改变，产生结垢现象。

因此，对冷冻水系统也要注意管路及设备中的结垢问题，并根据其成因采取适当的处理方法。

3. 水质问题分类

循环水系统的问题可以分为四类：结垢，腐蚀，微生物（藻类、菌泥）繁殖，悬浮物（沙、泥浆、粘泥等）沉积。

（1）结垢

空调水系统一般采用市政供水作为初次充水，也作为日常补给水，水中有一定的硬度。因此，如果未进行水处理，那些溶解于水中的碳酸氢钙等在受热的情况下发生分解的产物溶解度小，容易结晶沉淀，滞留在管道内壁，形成水垢。硬水所形成的水垢，不仅会阻碍水流通道，还会产生垢下腐蚀，降低热交换律。硅酸盐水垢的导热性能只有钢材的1/200。

（2）腐蚀

自来水中含有大量的溶解性气体，如 CO_2、SO_2 等，它们对金属都有一定程度的腐蚀作用。另一种腐蚀作用是由青苔的死亡腐败物变成有机酸对金属材质攻击而产生。这种腐蚀作用容易造成点腐蚀，会发生管道穿孔及泄漏，而且通常被腐蚀产生的沉积物所覆盖，在运行中极难被发现，危害极大。

（3）微生物（藻类、菌泥）繁殖

空调冷却水系统中的微生物一般是指真菌、藻类和细菌。一方面，系统中的藻类产生的 O_2 使腐蚀反应去极化，加速了系统的损坏。另一方面，微生物还会使冷却系统结垢和脏污条件恶化，因其与泥浆或 $CaCO_3$ 结合，使设备堵塞或结垢，从而降低设备表面传热效率。

（4）悬浮物（沙、泥浆、粘泥等）沉积

冷却水处于开式系统中，与空气直接接触，且经常需要补充水，因而难免会出现悬浮物（沙、泥浆、粘泥等）沉积；冷冻水处于封闭系统中，无须补充水，与空气也不接触，因此水中的悬浮物相对比较少。

二、制冷系统污水处理

空调水处理方法要实现的原理都是预防各种危害的发生，根据不同设备、不同环境采用不同的水处理方案。

1. 化学法

采用化学法的污水处理系统主要是指水处理系统、加药系统、清洗系统和反洗系统。系统补充水经离子交换除去硬度和盐类，结合循环水中加入除垢剂、缓蚀剂和杀菌灭藻剂等一系列化学药剂，并定期对系统进行清洗及反洗，形成全套的水处理技术。常用的除垢缓蚀剂有硫酸锌、聚丙烯酸、聚马来酸、共聚物等，这些物品都能在水中较快地溶解，起到对设备和系统除垢缓蚀的作用，但它们的应用特点、适用温度、投加浓度、pH 值控制范围以及在水中的生成物有较大差异。因此，应根据当地的水质条件及系统运行情况合理选用。杀菌灭藻剂有多种，如次氯酸钠、氯、臭氧、洁而灭等。以下列举两种常见的化学法水处理技术。

（1）缓释型水处理药剂技术

缓释型水处理药剂是近些年在国外发展起来的一类多功能药剂。缓释型水处理药剂一般由缓蚀、阻垢、杀菌、缓释等组分复合而成。它在水中能够缓慢、连续稳定地释放出防腐、阻垢和杀菌药剂，既可防止药剂浓度过高的损耗，也减少了人工每天加药的麻烦，放入一定的药剂就可维持多日，操作简便，非常适合中央空调系统。

（2）绿色缓蚀阻垢剂技术

绿色缓蚀阻垢剂是 21 世纪水处理药剂的发展方向。它立足于开发使用无毒、低毒、生物降解好、易为环境接受的水处理药剂。许多天然高分子、生物高分子材料都是绿色水处理药剂。天然聚合物阻垢剂如木质素、单宁、壳聚糖、淀粉、纤维素等经过改性后，就可制备经济、环保、高效的缓蚀阻垢剂。

化学法处理方式属于成熟的水处理方式，在各种水处理中比较多见，能杀菌、缓蚀、延缓结垢，但也存在运行费用高、操作麻烦等缺点。物理水处理方式是一种较简单的水处理方式，运行费用低，操作简单方便，但也存在初期投资高、技术不成熟等问题。目前，化学处理是大多数水处理项目的首选。

2. 物理法

污水处理中的物理法是指通过电子水处理设备，对水质产生影响。常见的物理方法有磁力法、电解法、超声法、静电法等。电子水处理设备具有安装操作简单、防垢除垢明显、杀菌灭藻、不污染环境、运行费用低廉的特点。以下列举三种常见的电子水处理设备。

（1）磁力法水处理仪

该设备可在水中产生磁场磁化水分子，改变水中离子排列方式，使水分子包围在钙、镁离子周围，减少水中离子碰撞概率，从而起到阻垢作用。

（2）静电法水处理仪

该设备采用高压静电技术，使水分子有序排列，减少水中离子碰撞概率，起到阻垢作用。

（3）高频电子水处理仪

该设备采用电子线路在水中产生高频振荡电磁场，使水分子基团内的氢键断裂，形成单个水分子，包围在钙、镁离子周围，减少水中离子碰撞概率，达到阻垢目的。同时，水分子碰撞管壁使垢松软、脱落，起到除垢作用。水中的微电流能起到杀菌、灭藻的作用。

物理水处理技术尚未成熟，但发展很迅速。物理法因其处理过程中不引入新的杂质，运行费用较低，受到越来越多人的关注。与化学法比较，存在缓蚀、阻垢效果不明显，处理效果不够稳定，一次投资较大的缺点。因此，该法可在水量小、水质以结垢型为主、浓缩倍数小的条件下采用，并应严格控制其适用条件。

3. 不停机清洗技术

中央空调不停机清洗技术既能减小停机清洗的损失，也满足了运行的需要，目前正逐步成为污垢清除的一种发展趋势。这种清洗技术在清洗液循环过程中制冷压缩机仍处于开机状态，清洗液作为冷却水或冷冻水在空调系统内部管线循环。不停机清洗一般有污泥剥离、水垢清除、排污换水、加药运行四个主要步骤。第一步主要是加入剥离剂，如季铵盐类、次氯酸钠等，来清除管壁上的菌藻和污泥。第二步是通过向系统加酸洗剂（主要用腐蚀性小的有机酸和缓蚀剂）来清除水垢，一般将系统水的 pH 值维持在 3 ~ 5，添加一定的缓蚀剂控制腐蚀，根据污垢清除情况确定清洗时间长短。清洗过程中必须严格监测冷却水的 pH 值、浊度和总硬度。各值达到最高并维持 2 ~ 4 h 不再上升或有下降趋势时为终点。为避免清洗过程中 Fe^{3+} 和 Cu^{2+} 引发的附加腐蚀，清洗液中还应加入适量的硫脲。清洗结束后通过排污换水后再添加预膜药剂预膜 48 h，预膜结束后换水加药使系统水质恢复（第三步和第四步）。这种技术一般用于冷却水系统，冷冻水系统因排水缓慢，若清洗往往需要较长时间才能恢复水质，而且不彻底。

根据不同地区不同使用环境下的中央空调系统，选择适合的水处理方案是十分必要的，既可以节约费用，也可以有效地针对不同系统的水质问题，减少水系统管道的腐蚀和结垢，减少维修成本，有效减少设备的能耗。

提出制冷系统污水的处理措施

一、操作准备

在提出制冷系统污水处理措施之前，应该了解有关制冷系统污水产生的原因以及污水处理的原理等。

二、操作步骤

步骤 1　系统分析

对制冷系统结构进行分析，根据制冷系统的结构特点，分析其污水可能产生的位置及原因。

步骤 2　提出措施

在掌握了制冷系统的结构特点之后，结合制冷系统的实际情况提出有效的污水处理措施。

步骤 3　形成报告

综合研究之后，结合制冷系统运行情况，提出符合实际的整改方案，做好措施计划，做出翔实的报告。

步骤 4　上报

上报职能或决策部门，获得支持及批准。

三、注意事项

坚持科学发展观，要对措施的可行性进行详细分析，使制冷系统的污水处理措施符合实际，取得成效。

学习单元 3　制冷系统中制冷剂的回收利用

了解制冷剂回收利用的必要性

掌握制冷系统中制冷剂回收利用的基本方法

能够提出制冷剂回收利用的具体措施

一、制冷剂回收利用的必要性

1. 环境效益明显

人类对臭氧层的破坏已对自身健康和环境造成了较大的负面影响。传统的破坏臭氧层物质 CFCs（氯氟碳化合物）已基本被淘汰，HCFCs（含氢氯氟烃）的淘汰已成为未来的最大挑战。中国是 HCFCs 单一生产最大国，HCFCs 生产量约占发展中国家的 70%，消费量约占发展中国家的 50%。HCFCs 的加速控制使用已经成为现实。

目前，常用的制冷剂对自然环境的另一个负面影响是温室气体效应。大多数制冷剂属于温室气体，尤其是 HFCs 类制冷剂具有极高的全球变暖潜能值，高达 2 000 ~ 3 000，能够回收再利用 1 kg 的 HFCs 制冷剂对自然环境而言相当于减排 2 ~ 3 吨 CO_2。

不论是对保护臭氧层而言，还是对减少温室气体排放、控制气候变化而言，制冷剂的回收再利用都是非常必要的。

2. 国家履约管理需要

作为《蒙特利尔破坏臭氧层物质管制议定书》的签约国家，中国有责任对消耗臭氧层的物质进行淘汰，同时积极地开展消耗臭氧层物质的回收、再利用和销毁活动，减少其向大气中的排放。积极开展制冷剂回收工作，能够有效控制制冷剂无组织排放，有效加强监管并减少消耗臭氧层物质的非法贸易活动。

3. 市场需求迫切

根据市场调研，每年有大量的制冷剂需要回收，其主要来源包括四大方面：①制冷设备生产、试验过程调试所产生的制冷剂废弃物；②制冷电器、汽车等拆解报废过程中产生的废弃制冷剂；③制冷工程、超市冷链因拆除、移装、维修排放的制冷剂；④小包装制冷剂使用后的残留量。这些制冷剂大多都不经回收而直接排入大气。随着汽车、家电报废量的逐年增加，维修钢瓶需求量的逐年递增以及制冷系统搬迁，迫切需要对制冷剂进行回收再利用。

二、制冷剂回收利用的基本方法

制冷剂回收利用的基本方法包括冷却法、压缩冷凝法和液态“推拉法”，回收的基本原理是利用回收机将制冷系统中的制冷剂抽吸到钢瓶中。回收机主要由全封闭压缩机、冷凝器和过滤器组成。回收后的制冷剂在经过后续的除油、除不凝性气体、除水分、除杂质、重新配比等处理合格后可以重新使用。

1. 冷却法

冷却法是使气态制冷剂冷却液化后储存在回收容器内的制冷剂回收方法。图 4–11 所示为冷却法制冷剂回收装置原理图。

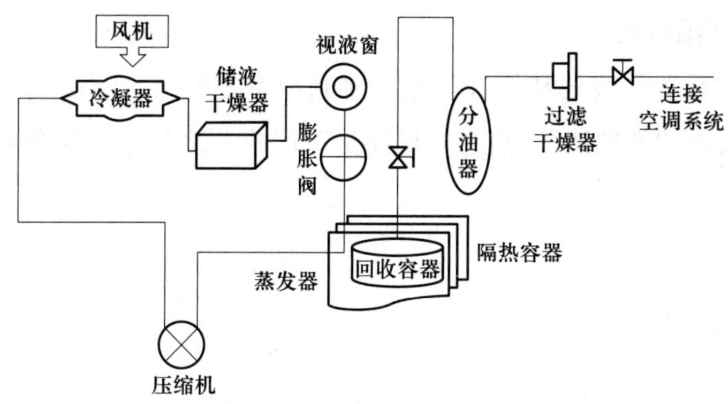

图 4-11　冷却法制冷剂回收装置原理图

采用独立制冷循环的冷却回收系统，可将被回收的气态制冷剂导入回收系统的低温热交换器，在热交换过程中将回收的气态制冷剂通过冷凝器冷凝成液态后储存。

2. 压缩冷凝法

压缩冷凝法是用压缩机提高气态制冷剂的压力，并经冷凝器冷却使制冷剂液化储存在回收容器内，其工作原理如图 4-12 所示。

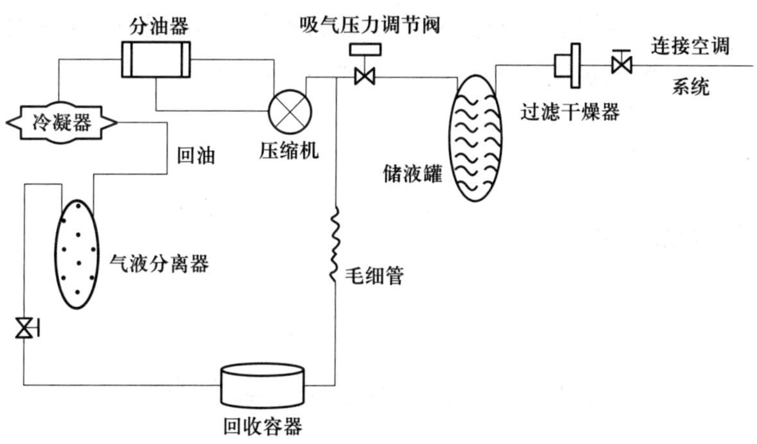

图 4-12　压缩冷凝法制冷剂回收装置原理图

从系统排出的制冷剂通过过滤干燥器，除去水分和杂质，受吸气压力调节阀的控制，液态制冷剂存留在储液罐中，气态制冷剂则进入压缩机被压缩成高温高压气体，通过分油器时，与制冷剂混合的冷冻机油被分离出来，流回压缩机。高温高压气态制冷剂进入冷凝器被冷却，通过气液分离器，被冷凝的液态制冷剂流入回收容器，回收容器中的部分气态制冷剂会通过毛细管被压缩机吸入。

3. 液态“推拉法”

运用回收装置的吸气和排气作用，将制冷系统的液态制冷剂“推拉”到回收容器内，故名“推拉法”。液态“推拉法”回收制冷剂原理如图 4–13 所示。

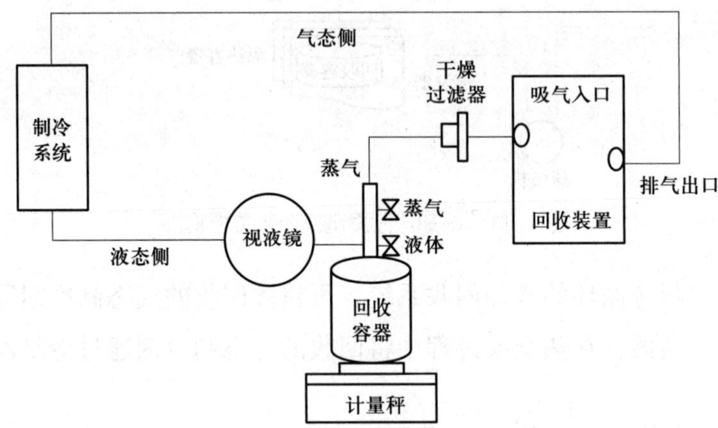

图 4–13　液态“推拉法”制冷剂回收装置原理图

回收容器内的气态制冷剂被回收装置吸入，经回收装置内压缩机压缩，压力升高后打入制冷系统，对制冷系统内制冷剂产生“推”的作用，将制冷系统内的液态制冷剂推到回收容器。回收装置的吸气作用使回收容器内的压力降低，对制冷系统内的液态制冷剂产生“拉”的作用并将其吸出，储存在回收容器内。

操作技能

提出制冷剂回收利用的具体措施

一、操作准备

在提出制冷剂回收利用措施之前，应该了解有关制冷系统中制冷剂回收利用的必要性和各种回收方法等。

二、操作步骤

步骤 1　系统分析

对制冷系统结构进行分析，根据制冷系统的结构特点，分析其制冷剂的使用情况。

步骤 2　提出措施

在掌握了制冷系统的制冷剂使用情况之后，结合制冷系统的实际情况提出合理的制冷剂回收利用措施。

步骤 3　形成报告

综合研究之后，结合制冷系统实际运行情况，提出符合实际的制冷剂回收利用方案，制订措施计划，做出翔实的报告。

步骤 4　上报

上报职能或决策部门，获得支持及批准。

三、注意事项

坚持科学发展观，要对措施的可行性进行详细分析，使制冷系统的制冷剂回收利用措施符合实际，取得成效。

学习单元 4　制冷系统中润滑油的回收利用

了解润滑油和冷冻机油基本知识

了解润滑油的再生处理方法

能够回收利用润滑油

随着能源需求的进一步扩大，石油资源的日益减少以及对石油污染问题的重视和保护环境呼声的日益强烈，世界各国对废润滑油的回收和净化再生利用工作十分重视。润滑油再生处理是一项重要工作，意义重大。

一、润滑油和冷冻机油

1. 润滑油

我国按照国际上的有关标准将润滑油分为工业润滑油和车用润滑油两大类。

（1）润滑油的构成

润滑油是由基础油和添加剂组成的。基础油通常占90%，其余是添加剂。基础油质量对于润滑油性能至关重要，它确保了润滑油最基础的润滑、冷却、抗氧化、抗腐蚀等性能。为了提高润滑油的性能，在润滑油中还包含了提高其综合性能的添加剂。添加剂主要有抗氧化添加剂、防锈添加剂、防腐蚀添加剂、抗泡添加剂、黏度指数改进剂、降凝剂、清洁添加剂、分散剂、抗磨损添加剂等。添加剂并不是加得越多越好，多项性能需要综合平衡。

相关链接

基 础 油

基础油通常有矿物油和合成油两种。通过物理蒸馏方法从石油中提炼出的基础油称为矿物油（部分非深度加氢基础油也应称为矿物油），通过化学合成方法获得的基础油（其成分多数并不直接存在于石油中）称为合成油。

（2）润滑油的再生

润滑油主要由基础油组成，而基础油是调和优质润滑油的基础原材料，所以，再生润滑油的首要任务是再生优质基础油。

目前，各国都很重视废润滑油再生技术，有各种各样的再生工艺流程。常见的有废内燃机油、废工业润滑油、废电气绝缘油等废润滑油再炼制、再精制、再净化、再利用方法。主要工艺包括沉降、离心分离、过滤、碱中和、水洗、絮凝、吸附精制、蒸馏及热处理、溶剂精制、加氢、化学精制、净化等。也可以用废油制造液体燃料。再生过程应注意质量检验与控制。

2. 冷冻机油

冷冻机油主要用于润滑冷冻机中需要润滑的部位。

（1）冷冻机油的品种

根据冷冻机油的组成特性、蒸发器的蒸发温度和所用制冷剂的类型，把冷冻机油分为DRA、DRB、DRC和DRD四个品种，应用于不同的场合。

（2）制冷压缩机对冷冻机油的质量要求

1）适当的黏度。

2）低的倾点、絮凝点和不溶物含量。

3）油对制冷剂具有良好的化学稳定性。

4）具有良好的热稳定性，在高温下（压缩机排气温度可达 150 ℃）油本身的烃类分子应有低的热分解性。

5）水含量要小。

6）对压缩机中的各种材料应有良好的适应性。

（3）冷冻机油的分类

冷冻机油的分类见表 4–12。

表 4–12　冷冻机油的分类

品种	温度范围与制冷剂类型	组成和特性	应用	备注
DRA	高于 −40 ℃（蒸发器）；氨或卤代烷	深度精制矿物油（环烷基油、石蜡基油或白油）和合成烃油	普通冷冻机、空调	—
DRB	低于 −40 ℃（蒸发器）；氨或卤代烷	合成烃油，允许烃制冷剂混合物有适当的相溶性，控制这些合成烃必须相溶	普通冷冻机	装有干蒸发器时相溶性不重要，在某些情况下根据制冷剂的类型可使用深度精制矿物油（考虑低温和相溶性）
DRC	高于 0 ℃（蒸发器或冷凝器）；高排气压力或温度的卤代烷系统	深度精制矿物油和具有良好热稳定性及化学稳定性的合成烃油	热泵、空调、普通冷冻机	合成烃油，允许烃制冷剂、烃矿物油混合物有适当的相溶性
DRD	所有蒸发温度（蒸发器）；烃类	合成冷冻机油，与制冷剂、矿物油或合成烃油无相溶性	通常用于开启式压缩机	冷冻机油和制冷剂必须互不相溶，并能迅速分离

（4）冷冻机油的黏度

冷冻机油的黏度选择见表 4–13。

表 4–13　冷冻机油的黏度选择

制冷压缩机类型		制冷剂	蒸发温度	适用黏度（40 ℃[①]）/（mm^2/s）
活塞式	开启式	氨	−35 ℃以上	46 ~ 68
		R22	−40 ℃以上	56
			−40 ℃以下	32
	封闭式	R22	−40 ℃以上	10 ~ 32
			−40 ℃以下	22 ~ 68
回转式	螺杆式	氨	−50 ℃以下	56
		R22	−50 ℃以下	56
	转子式	R22	一般空调	32 ~ 100
离心式		其他氟利昂	一般空调	56
		氯甲烷		56

注：①指冷冻机油的工作温度。

（5）制冷设备对冷冻机油的特殊要求

制冷设备对冷冻机油的特殊要求见表 4–14。

表 4–14　制冷设备对冷冻机油的要求

设备名称	对冷冻机油的要求
压缩机	与制冷剂共存时具有优良的化学稳定性 良好的润滑性 与制冷剂有极好的相溶性 对绝缘材料和密封材料具有优良的适应性 有良好的抗泡性能
冷凝器	与制冷剂有优良的相溶性
膨胀阀	无蜡状物絮状分离 不含水
蒸发器	有优良的低温流动性 无蜡状物絮状分离 不含水 与制冷剂有优良的相溶性

二、润滑油再生处理方法

使用过的润滑油质量已经发生变化，不再符合制冷设备的使用要求。废油中主要含有金属磨损粉末、系统与设备内的污物、水分、高温分解物等杂质，只有经过再生处理才能继续使用。但是，不同系统与设备所用的润滑油的品种是截然不同的，有的基础油是矿物油，有的基础油是合成油。不同的润滑油其再生处理技术与工艺是不同的，因此必须区别对待。这里简单介绍一下再生处理方法。

对润滑油的再生处理，废油量较大且有条件的企业目前普遍采用升温沉淀过滤法，这种方法采用的设备与操作比较简单，适用于变质较轻的润滑油，经过沉淀、过滤、脱水等物理净化过程就可以有效去除废油中的机械杂质、污垢与水分，恢复其原有品质。升温沉淀过滤法的装置设置如下。

1. 设置沉淀器（箱、池等），内设加热装置。沉淀器用钢板焊制，形式不拘，可加盖但不能密封；底部结构要利于排污并设置排污阀；外部设置液位计；可设置进油管道直通集油器等；中下部设置放油阀，可连接储油装置。加热装置可采用电加热或蒸气加热等形式。电加热方式是在沉淀器内放置电阻丝，应注意容器绝缘防护、功率适当。蒸气加热可在沉淀器内设置盘管，接入蒸气管道。

2. 设置过滤与储油为一体的容器（储油器）。底部设置排污阀，外部设置液位计。过滤器装在中上部，过滤器用孔板及孔板上铺的滤布（毛毡、绒布等）制成，过滤器把容器分为上下两部分，油经过滤器过滤后进入下部容器储存。

3. 设置滤油机。储油器中的油经油泵进入滤纸箱体，经过多层滤纸过滤的油可达到使用要求，应按要求储存备用。

变质严重的润滑油，需要经过化学精制去除变质后生成的酸类、酚类及胶质、沥青质等，然后补充一定数量的添加剂，才能成为可以再次使用的润滑油。如果净化再生工艺条件得当，可以把用过的废润滑油再生成为质量接近或达到新油标准且性能良好的润滑油。目前应用的再生工艺主要包括蒸馏→酸洗→白土精制、沉降→酸洗→白土蒸馏、沉降→蒸馏→酸洗→钙土精制、白土高温接触无酸再生、蒸馏→乙醇抽提→白土精制、蒸馏→糠醛精制→白土精制、沉降→絮凝→白土精制等程度。润滑油再生处理使用的设备及操作比较复杂，一般企业没有条件进行，可送到专业的润滑油再生处理厂家进行处理。

如今制冷压缩机种类繁多，制冷剂种类也很多，因此对润滑油黏度要求范围广、种类多。为满足多种苛刻条件，出现了应用广泛的合成型压缩机油。合成型压缩机油所用基础油主要有聚 α－烯烃、有机酯（双酯）、聚烷撑二醇、POE（多元醇酯）、氟硅油和磷酸酯等。与矿物油相比具有高温稳定性好、高温下不易生成积炭、使用温度范围广、倾点低、挥发性小、使用寿命长等优点。但由于合成油的成分复杂，其再生利用也比较困难，一般经过一系列化学处理后可作为他用。

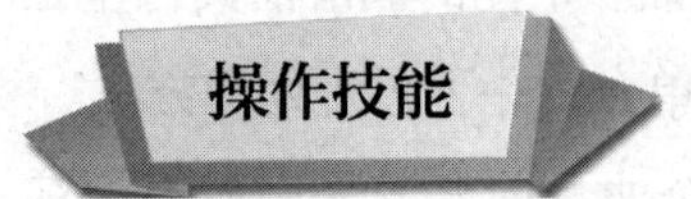

回收利用润滑油

一、操作准备

1. 工器具

容器、管道、阀门、过滤器、加热器等。

2. 材料

毛毡、布、丝网、卫生纸、指示剂、滤纸油、落球黏度计等。

二、操作步骤

步骤 1　回收

收集维修过程中从压缩机、设备及集油器中排出的润滑油，如果种类不一要分类存放。

步骤 2　沉淀

设置沉淀池（箱、桶等），使废油静置数日，自然沉淀其中的杂质。

步骤 3　过滤

往加热沉淀箱中注油时用滤网或布等工具对油进行粗滤。如果从集油器直接排放至加热沉淀器，则管道中可加过滤器。

步骤 4　加热

对沉淀器中的油加热（缓慢升温），温度维持在 80 ℃左右，持续加热 2 ~ 3 h，使部分水分蒸发。

步骤 5　沉淀

静置，沉淀 12 ~ 24 h，杂质及部分水分会沉淀在沉淀器底部，排出底部污物。

可重复进行步骤 4 及步骤 5。

步骤 6　过滤

打开沉淀器出油阀，把油导入储油器，同时通过储油器中上部的过滤器（经常清洗、保持干燥）进行初步过滤。开启油泵把初滤过的油送入（压力不小于 0.3 MPa）滤纸箱体进行二次过滤，彻底清除油中杂质（滤油机应经常清洗）。过滤后储存于干净容器中。

步骤 7　检验

现有技术与设备可以进行定性检验，难以定量分析。常用的检验方法如下：颜色可以通过观察对比；黏度可以使用落球黏度计，将待测油品与标准油品进行黏度比较；水分可以使用加热法，油品加热时有明显爆裂声响则表明含水；机械杂质可以使用滤纸油渍试验；水溶性酸碱可以使用指示剂法检验等。

步骤 8　储存

密闭储存备用。

步骤 9　记录

详细记录再生处理情况、参数，记录应清晰有效，可追溯，为以后工作提供数据与经验。

如有必要，可在再生过程中加入酸洗、碱中和、白土吸附等工艺。具体方法还要在操作中不断实践与总结经验。

三、注意事项

1. 安全

排出的润滑油应静置数日，充分挥发制冷剂，做好人身防护。处理过程中，容器不可密闭。加热应缓慢，温度控制应适宜。

2. 环保

遵守国家法律、法规关于废油、危险废物储存、处理、运输等方面的严格规定，不得随意倾倒、抛洒任何废油。不能再生处理的应收集后交由有关机构储存处理，再生处理过程中的废水等废物最好经生化处理达标后排放，消除或减少对环境的影响，采取有效的环境风险防范措施，使环境风险达到可接受水平。

学习单元 5　制冷系统中余热的回收利用

了解余热回收知识

了解制冷系统余热回收利用的方法

能够进行制冷系统余热回收利用

能源是人类生存的基本条件和社会发展的原动力，能源问题已经成为当今世界关注的焦点问题之一。我国人均能源占有量与发达国家相比较低，且能源一次利用率只有 30%，综合利用率更低。当前，人类全社会范围内节能降耗和污染减排任务艰巨，必须大力开展能量综合利用工作。

为促进保护环境、节能降耗、综合利用能源、开发新能源，我国制定了有关节约能源的法律、法规，鼓励综合用能产业发展，尽力淘汰落后产能，所有新上项目必须经节约用能评价。对于热电联产、节能建筑、新能源开发、可再生能源利用等多个产业，政府给予了大力扶持，能源综合利用势在必行。

一、余热回收

在能量综合利用途径中，余热回收技术成熟、适应性强。余热是在一定生产工艺条件下没有被完全利用的能源，也就是多余、遭废弃的能源，包括高温废气余热，冷却介质余热，废气废水余热，高温产品和炉渣余热，化学反应余热，可燃废气、废液、废料未尽燃余热及高压流体余热等。根据调查，各行业的余热总资源占其燃料消耗总量的 17% ~ 67%，可回收利用的余热资源约为余热总资源的 60%。

工业余热资源量大，分布面广，温度范围宽，余热回收利用潜力巨大。但据有关文献统计，我国工业余热资源回收利用率仅为 13% 左右，约 23% 的余热资源尚未被利用。在制冷装置中，余热资源利用回收率更低。制冷机组运行时，向大气环境排放大量的热量，压缩式制冷机的排热量为制冷量的 1.15 ~ 1.30 倍，吸收式制冷机约为 2.5 倍。尽管吸收式制冷系统可以利用其他工程的余热能源进行制冷运行，但绝大部分制冷系统的排放热量并未被利用。这样不仅浪费了大量能源，而且对环境产生了不良影响。加大余热回收利用率能同时解决以上问题。对制冷排热进行回收既可以节约能源，又能解决环境污染的问题。一般情况下，制冷机组的热回收有两种传统方式：一种是在制冷系统中安装热交换器；另一种是采用水源热泵方式，把冷却水作为水源热泵的低温热源。第一种方式适用于排气温度较高的机组，第二种方式适用于冷量较大、排气温度较低的冷水机组。

二、制冷系统余热回收利用的方法

1. 热电冷联供系统及工厂余热回收

热电冷联供系统及工厂余热回收要针对不同的热源工况及功能需求确定合

理的方案，采用不同的制冷装置。图 4–14 所示为采用热电冷联供系统，利用吸收式制冷机回收余热的原理，能量综合利用率可提高到 65% ~ 85%，整个系统具有发电、制冷、采暖、供应卫生热水等功能，能节约大量初投资及运行费用，节能环保。

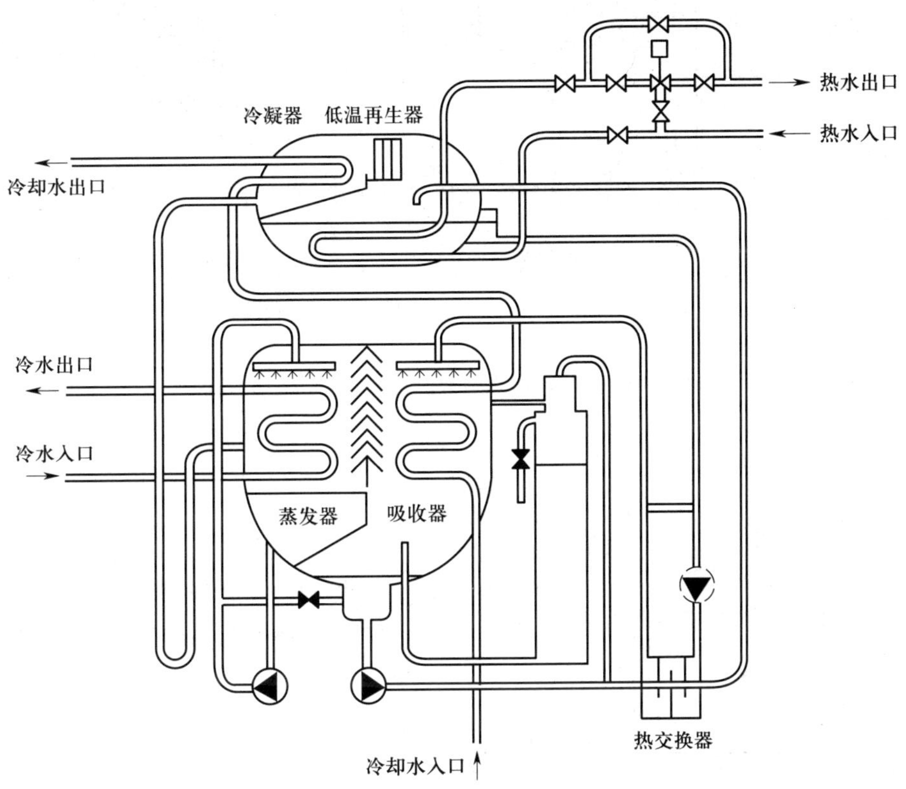

图 4–14 热电冷联供系统吸收式制冷循环原理

2. 排热再投入系统

排热再投入系统如图 4–15 所示，用典型制冷机组、冷温水机或多效吸收式制冷机配置排热回收热交换器，利用热交换器对热量回收利用，回收热水温度较高。热水量较少时，余热回收仅用于生活热水供应等，热水量大时机组可用于制冷或供暖。

3. 空气热源回收空调热水机组

空气热源回收空调热水机组系统如图 4–16 所示，利用制冷压缩机及相应的热交换器、末端设施等组成制冷、制热循环系统，利用智能控制器根据系统功能设定运行参数。此系统可用于制冷和热回收、制热和供暖、热水制备等。

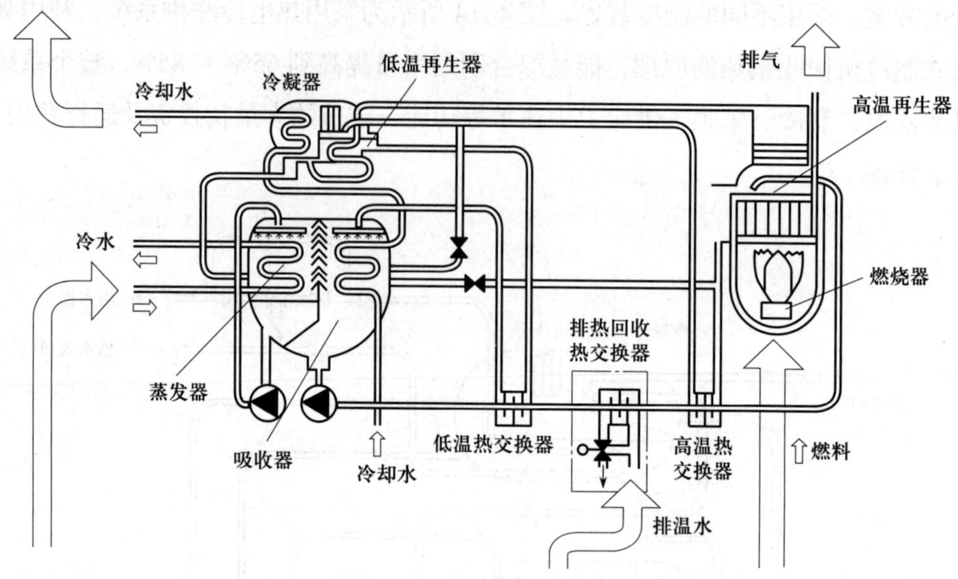

图 4-15　排热再投入型吸收式冷温水机循环系统

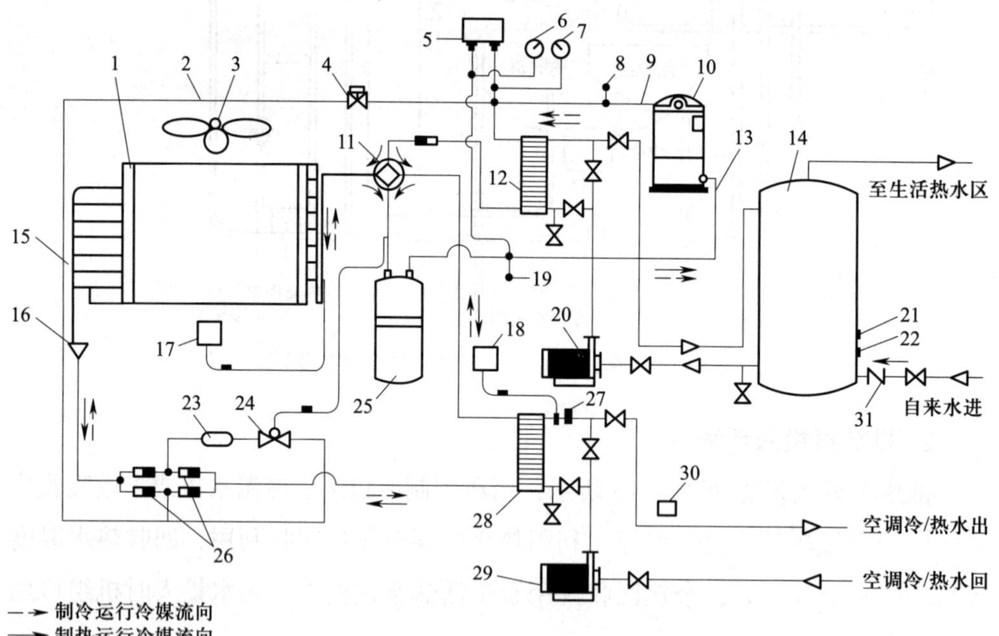

图 4-16　空气热源回收空调热水机组系统

1—空气源热交换器　2—防冻旁通管　3—风扇电动机　4—电磁二通阀　5—高低压力控制器
6、7—低压表　8—检修阀　9—排气管　10—制冷压缩机　11—四通换向阀　12—热水侧热交换器
13—吸气管　14—热水罐　15—分流毛细管　16—分流器　17—除霜温控器　18—防冻温控器
19—充注检修阀　20—热水循环泵　21—液位传感器　22—热水侧温度传感器　23—过滤器
24—节流膨胀阀　25—气液分离器　26—单向阀组件　27—空调侧温度传感器
28—空调侧热交换器　29—空调水输送泵　30—水流开关　31—止逆阀

4. 空调通风系统中应用热管技术

如图 4–17 所示，可在空调系统原有配置的基础上添加换热效率高的热管换热装置组成热管回收空调系统。热管结构及制造工艺简单，应用方便，热回收效率较高，经济技术可行。

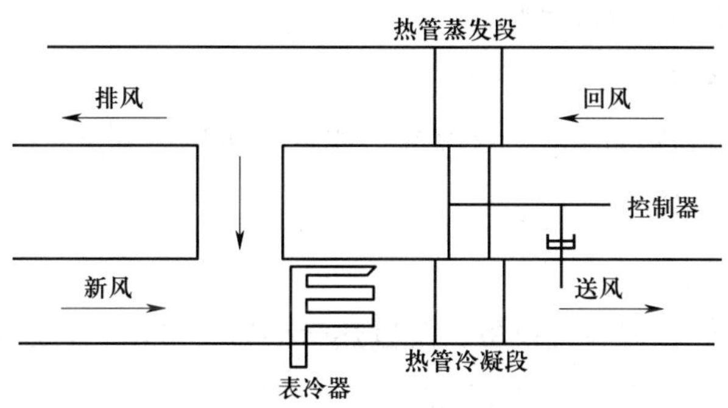

图 4–17　热管回收空调系统

夏季，回风经热管蒸发段预冷，再经冷却盘管去湿，然后经热管冷凝段升温送风，提高制冷能力与去湿能力。

冬季，新风由热管冷凝段预热，再经空调器处理送风，排风经热管蒸发段放热后外排，回收了排风热能，减少了空调器负荷，节约了能量。

由于能够节约能源，越来越多的热回收技术应用于制冷系统，如地源热泵技术、真空管技术、吸附式制冷技术、太阳能热泵技术，以及各种新型热交换器技术。应积极创新，应用各种方法设计合理的热回收方案，尽可能提高余热回收利用率。

制冷系统余热回收利用

一、操作准备

1. 工器具

常用工器具。

2. 材料

可以利用边角料，放宽思路，做到物尽其用。也可以购买专用的热交换器等热回收设备。

二、操作步骤

步骤 1　可行性分析

对功能需求及运行工况进行考察，从经济、技术等多方面对余热回收利用方案进行分析，确定投资计划可行。

步骤 2　计算

对各参数进行详细测定，对温度、流量、热量、湿度、效率等进行计算。提出设计、安装方案。

步骤 3　安装

根据现场条件合理布置设备，配置热交换器、水箱、管道泵、浮球阀、控制电路、管道等，避免影响运行工况，安全、科学施工。图 4–18 所示是一个简单的应用于氨制冷系统的余热回收实例，在回收余热所获得的热水温度达不到温度条件或用水量较大时，可以补充锅炉热水。在余热利用系统中，热交换器是主要设备，应选择高效换热设备，运行中注意水处理事项。

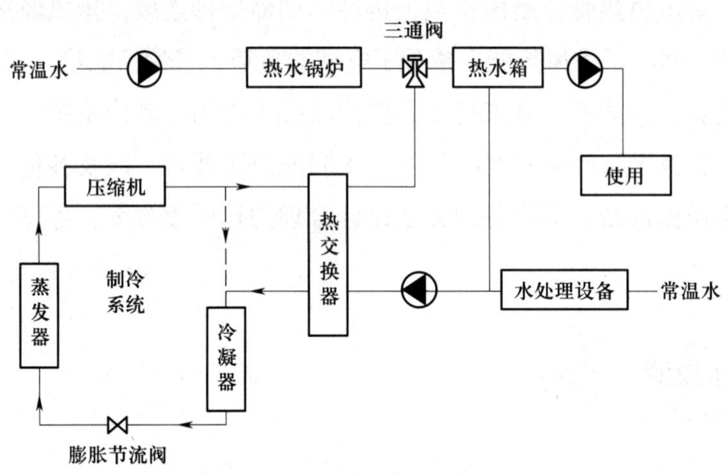

图 4–18　氨制冷系统余热回收利用原理图

步骤 4　试验改进

按拟定的排热回收设计方案安装后可能效果不太好，效率不太高，因此安装工作中应积极进行试验研究、改进功能，使热回收装置最大可能地发挥效能。

步骤 5　记录

记录各项作业活动、计算过程、设计方案、研究思路等，以便总结经验。

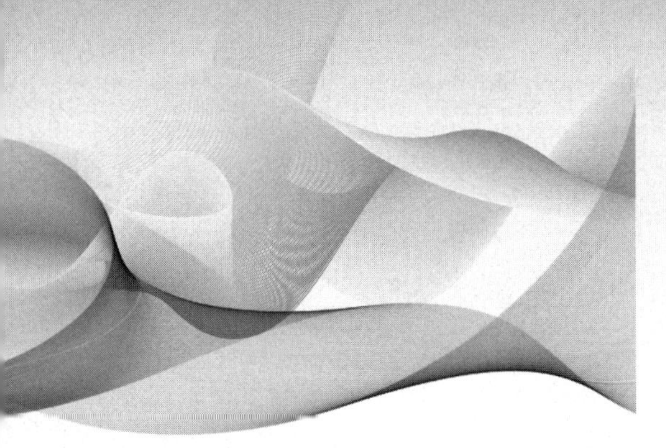

职业模块 5 培训与指导

培训课程 1 教育与培训

学习单元 1 教育教学基本知识

学习单元 2 培训教案编写知识

学习单元 3 制冷系统运行知识培训

学习单元 4 制冷设备安装、试运行与维修知识培训

学习单元 5 安全生产知识培训

学习单元 6 节能、环保新技术知识培训

学习单元 7 新型环保制冷剂相关知识培训

培训课程 2 技术指导

学习单元 1 技能操作教学的基本知识

学习单元 2 技能操作教学的准备工作

学习单元 3 作业指导书

培训课程 1 教育与培训

学习单元 1 教育教学基本知识

了解教学准备的具体内容
掌握教学过程的各个环节
了解教学总结的常见方法

一、教学准备

教师的教学准备即备课，是教师在讲课前的一切准备工作，是教师对讲课内容总体上的思考和安排。教师备课的工作主要包括以下几点。

1. 备教学内容

主要是对教材的处理，包括对教学体系的理解、对重难点的处理和对教学内容表达的处理。教师处理教材一般需要经过理解教材的基本结构、掌握教材的系统性、提炼教材的重点难点以及对教材内容全面掌握等多个步骤。

备教学内容，教师要做到以下几点。

（1）确定教材内容的广度和深度

从信息论的角度来说，教学内容的广度就是一节课传输给学生的信息量。一节课的信息量过大，知识点过多，学生难以接受；而一节课的信息量过小，知识点过少，则浪费时间，不利于调动学生学习的积极性。同样，一节课教学内容的深浅也要适中。内容太深，学生不能接受；内容太浅，不利于学生的学习。

（2）确定教材的重点、难点和关键点

当一节课的教学内容有几个知识点时，教师需要明确哪些是教学的重、难点，以免在教学时抓不住主要内容，而在次要的或者学生容易接受的内容上多花时间，以至影响了知识的理解和掌握，达不到预定的教学效果。教材中有些内容对掌握某一部分知识或解决某一类问题起着决定性的作用，这些内容就是教材的关键点。作为教材的关键点，其在攻克难点、突出重点过程中往往具有突破口的作用。一旦处理好教材的关键点，与其相关的教学难点就可以迎刃而解了。

（3）确定教学目标

在认真钻研教材的基础上，要结合课程标准确定课时教学目标。教学目标既是选定课堂类型和教学方法的依据，又是检查教学效果的标尺。

（4）根据教学内容设计相应的课堂、课后练习

保证学员在练习过程中知识、技能得到提高。能熟练设计相应的课堂、课后练习。

2. 备教学对象

在教学过程中，学员是教学的对象，教师作为学习的组织者、参与者，应尽可能多地把学员在学习过程中可能遇到的问题考虑在内，学员不仅应该成为课堂学习活动的主体，也应该是备课的出发点和归属点。

备教学对象的目的是做到根据学员的年龄特点、实际水平以及具体需要等，采用合理的教学方法，搜集相应的教学资源或创设恰当的教学情境进行教学。只有事先“备好了学员”，才能有的放矢地进行教学，高质量地完成教学任务。

3. 备教学方法

教学方法是教师和学员为实现教育目的、完成教学任务所采用的手段和一整套工作方式，是实现教学目的、完成教学任务的重要保证。

适合制冷工培训的常用教学方法有以下三大类。

（1）以语言传递为主的教学方法

该方法是以教师和学员的口头语言活动，以及学员独立阅读书面语言获得的间接经验，进行教学活动的方法。主要包括以下几种。

1）讲授法。教师运用口头语言向学员描绘情境、叙述事实、解释概念、论

证原理和阐明规律。

2）谈话法。又称问答法，是通过师生的交谈来传播和学习知识的一种方法。其特点是教师引导学员运用已有的经验和知识回答教师提出的问题，借以获得新知识或巩固、检查已学的知识。

3）讨论法。在教师的指导下，由全班或小组围绕某一中心问题通过发表各自的意见和看法，共同研讨、相互启发、集思广益地进行学习的方法。

4）读书指导法。是教师有目的、有计划地指导学员通过独立阅读教材和参考资料获得知识的一种教学方法。

（2）以直观感知为主的教学方法

该方法指教师组织学员直接接触实际事物并通过感觉获得感性认识，领会所学的知识的方法。主要包括以下几种。

1）演示法。是指教师把实物或实物的模型展示给学员观察，或通过示范性的实验和现代教学手段，促使学员知识更新。演示法是辅助的教学方法，经常与讲授、谈话、讨论等方法配合使用。

2）参观法。是指根据教学目的要求，组织学员到生产现场，使学员通过对实际事物和现象的观察，探究获得新知识的方法。

（3）以实际训练为主的教学方法

这种方法以形成学员的技能、行为习惯，培养学员解决问题的能力为主要任务。主要包括以下几种。

1）练习法。是在教师指导下巩固学员知识和培养各种技能的基本方法，也是学员学习过程中的一种主要实践活动。

2）实验法。是学员在教师的指导和控制下，使用一定的设备和材料，通过改变条件的操作，引起实验对象的某些变化，并从观察这些变化中获得知识或验证知识的一种教学方法。

3）实习作业法。是学员在教师的带领下，利用实习场所，参加实习工作，以掌握一定的技能和有关的直接知识，或验证间接知识，综合运用所学知识的一种教学方法。

4. 备工具、材料、仪表设备及教具

“工欲善其事，必先利其器。”开展教学工作之前，教师要提前准备好教学中需要使用的工具、材料、仪表设备及教具等，并在课前达到熟练操作的程度。

二、教学过程

教学过程是指师生在共同实现教学任务中的活动状态变换及其时间流程。由相互依存的教和学两方面构成。根据学员对事物的认知规律，制冷工培训教学过程包括以下基本阶段。

1. 感知教材

感知教材是学员对知识的初步认识。通过感知教材，可以激发学员的求知欲，消除学员对知识的陌生感。感知教材是通过学员在课前预习、教师在授课前对授课内容进行概括提示或者情境引入这两个步骤来完成的。

2. 理解教材

理解教材是学员对知识的进一步认知，理解教材由教师对教材内容进行讲解来完成。通过教师讲解教材内容，使学员理解教材所述事实和规律。这个过程是整个教学过程的重中之重，需要教师根据学员的实际情况选取恰当的教学方法进行讲解，以帮助学员更好地理解教材。教师讲解教材，不仅要对教学内容进行准备充分，还要注意表达技巧，教师的讲授语言要有条理性（准确、简练、清晰）、通俗性、感染性，要注意语音、语气、语速，并适当辅以肢体语言，能够深入浅出、情真意切、声情并茂，就会使学员达到情感的共鸣。

3. 巩固知识

巩固，就是引导学员把所学习的知识、技能、方法等牢牢地保持在认知结构中，理解和巩固是两个既独立又互为依存、互为条件的学习环节。理解是巩固的前提，巩固是进一步深化理解的过程。在制冷工培训教学过程中，通常可以通过课堂练习来实现知识巩固。课堂练习可以是理论练习，也可以是实训练习。

4. 归纳总结

课堂总结是一个完整课堂教学的组成部分，在课堂教学即将结束时，通过归纳总结、问题梳理、提问思考、讨论交流等方式回顾概括课堂教学的主要内容，是使课堂教学进一步升华的行为方式，不仅关系到学员对整个课堂教学的学习理解和接受程度，也是衡量教师教学水平高低的重要内容。课堂总结的方式是丰富多样的，既可以说出来，也可以写出来，还可以画出来。

5. 布置作业

布置作业，是为了进一步拓展知识，以检验学员对知识、技能的掌握程度。

三、教学总结

教学总结在教学实践中一直起着举足轻重的作用。教学实践证明，教师根据教学内容，事前设计好合适的总结方式，充分发挥教师的主导作用，就能调动学生思维的积极性，在总结中使所学知识得到复习巩固，使能力得到提高。制冷工培训教学总结有以下几种常见方式。

1. 回忆复述法

当一个培训课程或学习单元的教学经历了学生自学和练习，教师的启发和讲解而基本上完成了教学任务时，教师应引导学生首先对所学教材内容及其内在联系和意义进行回忆，使其所学的重要内容在头脑中再现，而后用语言叙述表达出来，从而起到复习巩固知识的作用。

2. 书面总结法

书面总结是指学生通过对教材、教师的讲解及作业练习，进行全面的复习思考，从中领略出该部分内容的重点、难点及各知识点之间的联系，最后用文字、图表等形式系统组织起来。教学实践证明，书面总结对学生所学知识的记忆效果远高于用口头语言表达的记忆效果。同时提高了学生的自学能力，培养了学生独立思考、归纳总结的本领。

3. 提问讨论法

运用提问和讨论的方法，可使学生把教材中较复杂的、一时难于理解掌握的抽象知识，通过群策群力、互相补充的方法进行再认识，以达到全面正确总结所学知识的目的。这种总结方法可以提高学生的语言表达能力，培养互帮互学、攻克难关的精神。

4. 堵漏总结法

在教学过程中，教师可以把学生学习中曾经出现过的知识问题，或根据经验估计有可能产生的各种错误列举出来，并指出其产生的原因，以堵塞学生对知识产生错误理解的漏洞，使学生的思维朝正确的方向发展。

5. 比较总结法

当完成一个培训课程或学习单元的教学后，让学生仔细回忆所学内容与先前所学内容有哪些异同，然后将它们归纳总结出来进行比较。学生在已有知识和经验的基础上学习，较容易掌握有关新知识，也能在所学知识间建立有机的联系，实现知识的高度概括。

学习单元 2　培训教案编写知识

了解教案编写的基本要求

掌握教案编写的主要内容

教案是教师为顺利而有效地开展教学活动，根据教学大纲和教材要求及学生的实际情况，以课时或课题为单位，对教学内容、教学步骤、教学方法等进行具体设计和安排的一种实用性教学文书。编写教案对提高教学质量，提高教师的理论与实践教学水平有着重要的意义。

一、教案编写的基本要求

教师必须在认真学习教学大纲、钻研教材、了解学生、考虑教法的基础上，根据授课计划，针对各种教学形式编写出教案。教案编写要从教学目标、任务着眼，从教学的特点出发，具体要求如下。

1. 要以教学大纲和教材为依据，明确教学目标及要求，抓住教材的重点、难点和关键点

教学目标一般采用三维目标，即知识与技能、过程与方法、情感态度价值观三方面。课时教学目标要定得具体、明确，才便于执行和检查。教学重难点是整个教学的核心，是完成教学任务的关键所在。重点突出、难点明确，有利于学生掌握教学总体思路，便于学生配合教师完成教学任务。

2. 要处理好教与学的关系

教师要创造良好的学科情境，使师生共同置身于情境之中，从探索中提出问题、解决问题、总结规律。教师还要研究设计启发和点拨学生的思维程序及要点。教学方法是为了实现教学目标而确定的手段和措施。在上课时，教师要根据每一堂课的具体内容、知识特色，设计选择最佳的教学方法。

3. 做到教书育人

教案对于开发学生智力、培养学生灵活运用所学知识解决实际问题的能力、思想教育也应有足够重视。教案编写过程要有计划，寓思想教育、能力培养于知识传授之中。

4. 要注意学科特点，加强实践性教学

制冷工培训是理论与实践相结合的培训课程，要上好这门课程，不但要把理论知识讲解清楚透彻，更要加强实践性教学，让学生在“学中做，做中学”。

5. 要求环节完整、结构合理、思路清晰、繁简得当、时间分配合理，使教案能对课堂教学活动起到指导作用

环节完整，即在教案中把所有教学环节完整体现出来。结构合理，即教案的整体结构具有合理性。思路清晰，即教案编写的思路清晰明了，使人看了一目了然。繁简得当，即教案的内容该详细的地方详细，该简洁的地方简洁。时间分配合理，即教案中设计的各个教学环节时间分配具有合理性。

二、教案编写的主要内容

1. 基本信息

包括课程名称、课题名称、课程类型、所需课时、上课时间、上课班级、授课教师等。

2. 教学目标

所谓教学目标，是指教师在教学中所要达到的最终效果。教师只有明确了教学目标，才能使“教”有的放矢，使“学”有目标可循。教学目标在教案中要明确、具体、简练，一般采用三维目标，即知识与技能、过程与方法、情感态度价值观三方面。

3. 教学重点、难点

课堂教学内容总是有主有次，教师要善于从纷繁的知识中抓住其核心，根据课堂目标确定教学重点；有的内容较复杂或理论性强，学生不容易理解，学习有困难，但这些内容是学习新知识的必要基础，这就是教学难点。编写教案时，一定要突出重点、难点，把教材的核心知识传授给学生，使学生能抓住纲目而洞悉全局。

4. 教学方法

教学方法包括教师教的方法（教授方法）和学生学的方法（学习方法）两大方面，是教授方法与学习方法的统一。教学方法虽然多种多样，但每节课的教学方法必须依据教学内容和学生的接受能力来确定。教师的教学水平如何，很重要的是看其对教学方法的运用是否得当。

5. 所用教具

指的是用来讲解说明某事物的模型、实物、标本、仪器、图表、幻灯片等，包括教学设备、教学仪器、实训设备、教育装备、实验设备、教学标本、教学模型等。编写教案时应该将上课时所需的教具列举出来。

6. 教学内容的引入

教学内容的引入就是课堂导语。课堂导语是一门艺术，它是教与学的纽带，是让学生走进教材、掌握教材的桥梁。因此，教师应该根据确定的教学目的、内容，针对学生的心理，精心设计课堂导语，巧妙地导入新课，以激发学生的兴趣，使学生能全身心地投入课堂学习中。

7. 教学内容

教学内容是课堂教学的核心，写教案时，必须将教学内容分步骤、分层次地写清楚，必要时还应在每部分内容后注明所需的时间。教学内容一般以讲练结合的方式开展，实现“学中做，做中学”。这里说的做，指的是课堂练习。练习是将教材的知识结构转化为学生认知结构的纽带，是学生将所学的理论知识与实践相结合的一种方式，更是及时反馈课堂教学效果的好方法，因此无论所讲授的知识内容是何性质，都应在课堂上安排练习时间。

8. 课堂小结

一个好的教案应有始有终。小结既是课堂教学的结束语，又是强化教学重点必不可少的手段。好的小结可以起到画龙点睛的作用。课堂小结的方式有很多种，可以由学生进行小结，也可以由老师进行小结，甚至可以先由学生小结再由老师进行小结。

9. 课后作业

课后作业，即教师根据授课内容所布置的课后习题，以便于学生复习、理解、消化本次课的授课内容，同时为下一节课的学习奠定基础。

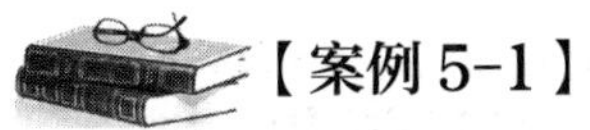

【案例 5-1】

教师教案 1

<table>
<tr><td>课程名称</td><td colspan="2">制冷维修综合技术</td><td>课题名称</td><td colspan="2">铜管加工——“杯型口”制作</td></tr>
<tr><td>课程类型</td><td colspan="3">技能</td><td>课时</td><td>1</td></tr>
<tr><td>上课时间</td><td></td><td>上课班级</td><td></td><td>授课教师</td><td></td></tr>
<tr><td>教学目标</td><td colspan="5">一、知识与技能
1. 通过学习，记住扩管器的组成和结构原理。
2. 通过练习，掌握“杯型口”制作的具体方法。
二、过程与方法
通过任务驱动法、讲练结合法，学会制作“杯型口”。
三、情感态度价值观
通过小组合作学习，提高团队合作意识；通过填写工作页，养成科学严谨的工作态度。</td></tr>
<tr><td>教学重点</td><td colspan="5">“杯型口”制作的具体方法。</td></tr>
<tr><td>教学难点</td><td colspan="5">“杯型口”的制作工艺。</td></tr>
<tr><td>教学方法</td><td colspan="5">任务驱动法、讲练结合法、小组合作教学法。</td></tr>
<tr><td>所用教具</td><td colspan="5">教案、PPT、微课、工作页、割管刀、紫铜管、扩管器、尺子。</td></tr>
<tr><td>教学内容</td><td colspan="5">一、设问引入课题
PPT 展示电冰箱压缩机工艺管安装修理阀前后的对比图。
设问：左右两台压缩机的工艺管有什么区别？如何将修理阀安装到工艺管上面？
引入课题：相同管径的铜管对接时，需制作“杯型口”。
二、播放微课，讲解“杯型口”制作的具体方法
播放《铜管加工——“杯型口”制作》微课。
教师讲解“杯型口”制作的具体方法。
三、布置任务
5 人一小组；每人用割管刀割取一段 10 cm 左右的铜管，并记录好铜管的实际长度（误差不能超过 1 cm）；
每人将自己割取的铜管的其中一头制作成“杯型口”，并记录好“杯型口”的高度（应该与铜管的直径长度相当）；
以小组为单位，将组员制作好的 5 根铜管稳固对接起来；
每个小组长给自己组员的作品打分。
四、讲解注意事项
规范使用工具，防止割伤、砸伤手脚；
正确把握割管刀的进刀量，以免压扁铜管；
正确把握“杯型口”露出夹具的高度，以免导致铜管变形或对接不稳。
五、学生分组练习
学生练习的同时，教师进行巡查指导并做记录。</td></tr>
<tr><td>课堂小结</td><td colspan="5">请学生代表发言总结，教师总结。</td></tr>
<tr><td>课后作业</td><td colspan="5">一、“杯型口”和“喇叭口”分别用在什么场合？
二、“杯型口”和“喇叭口”的制作有哪些相同点和不同点？</td></tr>
</table>

学习单元 3　制冷系统运行知识培训

能够讲授制冷系统运行知识

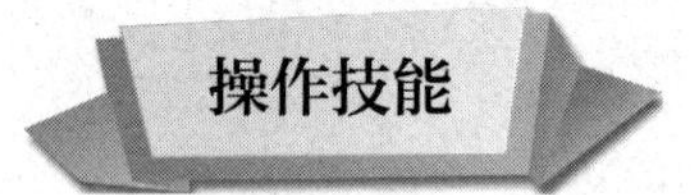

制冷系统运行知识培训

一、操作准备

1. 准备培训计划

写出学员总人数、每一文化程度层次的人数、培训内容、培训教师、培训学时，写出本次课所讲授的职业模块、培训课程、学习单元名称。

2. 编写教案

根据本次课所需讲授的具体内容编写教案。

3. 准备教学用具

制作培训课件（PPT），并在计算机、投影仪上试放一次，检验是否达到教学要求。

准备制冷系统运行知识培训需要用到的设备、器材、仪表、工具、材料等，并检查是否正常。

4. 熟悉教学内容

对教学内容进行预演。预演可以是自己将教学内容默诵一次。如是第一次接触教学内容，则应先向其他培训教师讲解一次，这样的预演即为说课。

二、操作步骤

步骤 1　课堂组织

首先检查学员出勤情况，学员人数为 30 人或以下时，可以全部点名；学员人数为 30 人以上时，可以抽点。

接下来观察学员的基本状态，如注意力是否集中、有无做与培训无关的事情。

步骤 2　复习引入

首先抽点 1 ~ 2 名学员提问上次课的内容，以检查学员掌握程度。然后询问学员是否预习教材中有关本次课的内容。最后简述上次授课内容，并引入本次课的内容。

步骤 3　讲授新课

（1）制冷系统正常运行的标志

1）压缩机启动后应无杂音运行平稳，各保护控制元件应能正常工作。

2）冷却水、冷媒水应足够，水压应不小于 0.12 MPa，水流量应符合设计要求，冷却水温一般在 32 ℃左右。

3）对活塞压缩机而言，油泵出口压力应比吸气压力高 1.5 ~ 3 kg/cm^2（1 kg/cm^2 ≈ 0.1 MPa），对螺杆压缩机而言，油压应比排气压力高 0.5 kg/cm^2 以上。油温不应低于 70 ℃且油不起很多的泡沫，油面不低于油镜的 1/3 处。

4）吸气温度比蒸发温度高 5 ~ 15 ℃，正常运行时吸气温度不宜超过 15 ℃。对于空调系统来说，蒸发温度比被冷却介质温度低 5 ℃左右；对于冷藏装置而言，吸气温度比被冷却介质温度低 10 ~ 15 ℃为宜。

5）排气温度不宜超过 115 ℃。压缩机正常运行时，对水冷机组而言冷凝压力不超过 1.4 MPa，对空冷却冷凝器而言冷凝压力不超过 1.95 MPa。

6）对装有自动回油装置的系统而言，自动回油管应时冷时热，液管过滤器前后温度应无明显温差。对装有贮液器的系统而言，制冷剂液面不低于液面指示器的 1/3 处。

7）气缸壁不应有局部发热和结霜情况，空调产品吸气管不应有结霜现象，对于冷藏产品而言吸气管结霜一般结至吸气阀口为正常。

8）运行中手摸卧式冷凝器应是上热下凉，冷热交界处为制冷剂的界面；油分离器上热下部不太热，冷热交界处为油的交界面。

9）膨胀阀的阀体结霜、结露应均匀（空调系统中不应结霜），但出口处不能发现有浓厚的结霜，液体流经膨胀阀时只能听到沉闷的微小声音。

10）在一定的水压、水量条件下，进出水应有明显的温差，一般温差为

3 ~ 5 ℃。

11）系统中不应有泄漏、渗油的现象，各压力表指针应相对平稳，压缩机电流不应大于额定电流，绝缘电阻不应小于 5 MΩ。

（2）冷水机组的开关机操作流程

1）开机前检查

①检查电压是否在额定值 ±10% 范围内；

②检查机组有无故障，各信号指示灯是否正常；

③检查并确保冷水机组的冷冻水、冷却水进出水阀门开启；

④检查冷冻水泵、冷却水泵、冷却塔等相关出入水阀门开启；

⑤检查水系统的压力及补水设施是否正常。

2）开机

①开机机组对应空调末端数量 1/3 以上；

②开启冷却塔风机；

③启动机组对应的冷冻水泵及冷却水泵，启动后需确认冷冻水及冷却水进回水压力及压差是否在合格范围内；

④进水压力参考值：冷冻水 0.24 ~ 0.32 MPa，冷却水 0.15 ~ 0.24 MPa；

⑤进回水压差参考值：0.05 MPa 左右；

⑥开启机组，压缩机启动后加载过程中需持续观察机组的运行电流、蒸发器压力、冷凝器压力等主控参数，待各主控参数正常且稳定后，机组无异常振动、噪声或异常气味方可离开机房。

3）停机

①发生停机指令，由冷水机组自行卸载停机；

②压缩机停止后，过 5 min 停冷冻水泵、冷却水泵、冷却风扇；

③全部关停后，应保持压缩机继续预热；

④异常情况可使用机组自带的急停按钮停机；

⑤逐步关停空调使用末端。

4）换季停机

当冬季或者气温极寒时，应对主机、冷冻 / 冷却水泵防冻。将主机冷凝器、蒸发器进出口关闭，放水阀及放空阀打开，再利用压缩空气将余水吹净，将冷却水及冷冻水管路水排净。

（3）制冷系统调试运行时的注意事项

1）检查制冷系统中的各处阀门是否处在正常的开启状态，特别是排气截止阀，切勿关闭。

2）打开冷凝器的冷却水阀门和蒸发器的冷水阀门，冷水和冷却水的流量应符合厂方提出的要求。

3）启动前应注意观察机组的供电电压是否正常。

4）按照厂方提供的开机手册，启动机组。

5）当机组启动后，根据厂方提供的开机手册，查看机组的各项参数是否正常。

6）可根据厂方提供的螺杆式冷水机组运行数据记录表，对螺杆式冷水机组的各项数据进行记录，特别是一些主要参数一定要记录清楚。

7）在螺杆式冷水机组运行过程中，应注意压缩机的上载机构和下载机构是否正常工作。

8）应正确使用制冷系统中安装的安全保护装置，如高低压保护装置、冷水和冷却水断水流量开关、安全阀等设备，如有损坏应及时更换。

9）螺杆式冷水机组如出现异常情况，应立即停机检查。

10）在制冷系统调试前，一定要做好空调系统内部的清洁和干燥工作。如果前期工作不认真进行，在调试期间将会增加许多工作量，而且会给制冷装置以后的运行带来许多隐患。

按照知识的连续性原则，讲述本次课内容。

讲授时，对于容易理解、容易记忆的知识，只需讲解一遍。重点内容讲解一遍之后，提示其为重点，并再讲解一遍，可以举例说明。难点内容详细解释，并举例说明。

步骤 4　巩固知识

先抽点 1 ~ 2 名学员提问本次课的内容，以检查学员掌握程度。

接下来根据学员回答问题的情况，简要复述本次授课内容，并再次提示本次课的重点。

步骤 5　布置作业

将教案中设计好的作业布置给学员，并规定完成时间。布置作业时，重点和难点可多留作业，并可以根据学员掌握知识的情况有所取舍。

学习单元 4　制冷设备安装、试运行与维修知识培训

学习目标

能够讲授制冷设备安装、试运行与维修知识

操作技能

制冷设备安装、试运行与维修知识培训

一、操作准备

1. 准备培训计划

写出学员总人数、每一文化程度层次的人数、培训内容、培训教师、培训学时，写出本次课所讲授的职业模块、培训课程、学习单元名称。

2. 编写教案

根据本次课所需讲授的具体内容编写教案。

3. 准备教学用具

制作培训课件（PPT），并在计算机、投影仪上试放一次，检验是否达到教学要求。

准备制冷设备安装、试运行与维修知识培训需要用到的设备、器材、仪表、工具等，并检查是否正常。

4. 熟悉教学内容

对教学内容进行预演。

二、操作步骤

步骤 1　课堂组织

检查学员出勤情况，观察学员的基本状态。

步骤 2　复习引入

首先抽点 1 ~ 2 名学员提问上次课的内容，以检查学员掌握程度。然后询问学员是否预习教材中有关本次课的内容。最后简述上次授课内容，并引出本次课的内容。

步骤 3　讲授新课

（1）制冷设备的安装

包括家用空调器的安装、冷库的安装、中央空调的安装。其中，家用空调器的安装又包括窗式空调器的安装和分体式空调器的安装；冷库的安装又包括土建式冷库的安装和装配式冷库的安装；中央空调的安装包括中央空调室内外机的安装、中央空调水系统的安装、中央空调风系统的安装。

小型的制冷设备绝大多数是装配成整体式，如空调器、冷藏箱、活动冷库、冷饮水箱、电冰箱等，这些设备几乎没有安装和接管的问题，只要按技术要求供电、供水，即可进行试运转，检查整套设备质量是否合格。组装式的制冷设备，一般以压缩机组（包括压缩机、冷凝器、贮液器、分油器、过滤器及机组架等）为一组，而蒸发系统（包括蒸发器及膨胀阀等设备）为另一组。安装时，按产品说明书的要求，将两组用管子连接起来，成为一个系统，然后再进行调试。大型散装式的制冷设备，它的压缩机、冷凝器、蒸发器、膨胀阀及其他辅助设备是散装供给的。这就要按产品说明书提出的技术要求，先将各部件安装固定，再将各部件间的管路连接起来，然后进行调试。制冷设备的安装，主要是散装式制冷设备的安装问题。总体上来看氨制冷工程比氟制冷工程更困难些。

（2）制冷设备的试运行

包括电冰箱及商用冷柜的试运行、家用空调器的试运行、冷库的试运行和中央空调的试运行。小型制冷设备的试运行比较简单，大型制冷设备的试运行主要包括以下几点。

1）冷却水系统的调试。冷却水系统的调试在冷却水系统试运行后期进行。在系统工作正常的情况下，用压力表测定水泵的压力，用钳形电流表测定水泵电机的运转电流，要求压力和电流不应出现大幅波动。

用流量计对管路的流量进行调整，系统调整平衡后，冷却水流量应符合设计要求，允许偏差为 20%，冷却水总流量测试结果与设计流量的偏差不应大于 10%。多台冷却塔并联运行时，各冷却塔的进、出水量应达到均衡一致。

2）冷冻水系统的调试。启动冷冻水泵，对管路进行清洗，由于冷冻水系统的管路长而且复杂，系统内的清洁度要求较高，因此，在清洗时要求严格、认真，必须反复多次，直到水质洁净为止。

水质满足要求后，开启冷水机组蒸发器、空调机组、风机盘管的进水阀，关闭旁通阀，进行冷冻水管路的充水工作。在充水时，要注意在系统的各个最高点的自动排气阀处进行排气。充水完成后，启动冷冻水泵，使系统运行正常。

用流量计对管路的流量进行调整，系统调整平衡后，各空调机组的冷冻水水流量应符合设计要求，允许偏差为20%，冷冻水总流量测试结果与设计流量的偏差不应大于10%。

3）制冷压缩机试运行与调试。制冷压缩机试运转的目的是检验压缩机的装配质量，并使机器的各运动部件初步磨合，以保证机器正常运行时的良好机械状态。制冷压缩机是制冷系统的心脏，它的正常运转是整个制冷系统正常运行的重要保证。每台制冷压缩机在制造厂出厂前虽然均已按国家有关标准的规定进行了出厂试运转，但是由于运输、存放等原因，对于安装完毕的压缩机，在投入正常运转之前，仍先要进行试运转，以便为整个系统的试运行创造条件。一般情况下，试运行分三步进行，即无负荷试车、空气负荷试车、制冷剂负荷试车。

①无负荷试车：无负荷试车亦称不带阀无负荷试车。也就是指试车时不装吸、排气阀和气缸盖。该项试车的目的是检查除吸、排气阀外的制冷压缩机的各运动部件装配质量，如活塞环与气缸套、连杆大头轴承与曲轴、连杆大头轴承与活塞销等的装配间隙是否合理，检查各运动部件的润滑情况是否正常。

②空气负荷试车：空气负荷试车亦称带阀有负荷试车。该项试车应装好吸、排气阀和缸盖等部件。空气负荷试车的目的是进一步检查压缩机在带负荷时各运动部件的装配正确性，以及各运动部件的润滑及温升情况。

③制冷剂负荷试车：制冷剂负荷试车是在无负荷试车和空气负荷试车合格，并向系统充注制冷剂后进行的，冷剂负荷试车的目的是检查压缩机和整个系统在正常运转条件下的工作性能，是整个制冷系统交付验收使用前对系统设计和安装质量的最后一道检验程序。

4）制冷系统充注制冷剂。制冷系统首次充注制冷剂是在排污、气密性试验、检漏、抽真空试验合格后进行的。

当系统内制冷剂不足时也必须向系统内补充添加制冷剂。因此，充注制冷剂分为首次充注和补充添加两种情况。系统充注制冷剂的多少，不但与系统的大小有关，还与设备的形式和制冷剂的种类等因素有关，所以系统充注制冷剂的多少应按已安装的设备和管路的总长度通过计算求出，然后在计算的基础上，通过逐步调试才能最终确定。一般空调制冷系统的制冷剂充注量和补充量按说明书规定执行。

（3）制冷设备的修理

包括电冰箱和商用冷柜的修理、家用空调器的修理、冷库的修理、中央空调的修理。各种制冷设备的修理都可分为制冷系统的修理和电气系统的修理。制冷系统的修理主要包括检漏、更换部件、管路加工、管路焊接、抽真空、加注制冷剂、清洁、除垢等；电气系统的修理主要包括电路检测、制冷电器元件的检测和更换等。

按照知识的连续性原则，讲述本次课内容。

讲授时，对于容易理解、容易记忆的知识，只需讲解一遍。重点内容讲解一遍之后，提示其为重点，并再讲解一遍，可以举例说明。难点内容详细解释，并举例说明。

步骤 4　巩固知识

先抽点 1 ~ 2 名学员提问本次课的内容，以检查学员掌握程度。

接下来根据学员回答问题的情况，简要复述本次授课内容，并再次提示本次课的重点。

步骤 5　布置作业

将教案中设计好的作业布置给学员，并规定完成时间。布置作业时，重点和难点可多留作业，并可以根据学员掌握知识的情况有所取舍。

学习单元 5　安全生产知识培训

学习目标

能够讲授安全生产知识

操作技能

安全生产知识培训

一、操作准备

1. 准备培训计划

写出学员总人数、每一文化程度层次的人数、培训内容、培训教师、培训学时，写出本次课所讲授的职业模块、培训课程、学习单元名称。

2. 编写教案

根据本次课所需讲授的具体内容编写教案。

3. 准备教学用具

制作培训课件（PPT），并在计算机、投影仪上试放一次，检验是否达到教学要求。

4. 熟悉教学内容

对教学内容进行预演。

二、操作步骤

步骤 1　课堂组织

检查学员出勤情况，观察学员的基本状态。

步骤 2　复习引入

首先抽点 1 ~ 2 名学员提问上次课的内容，以检查学员掌握程度。然后询问学员是否预习教材中有关本次课的内容。最后简述上次授课内容，并引出本次课的内容。

步骤 3 讲授新课

（1）压缩机与压力容器方面安全知识

制冷压缩机运转时有三种安全隐患：①制冷剂出现异常高压，可能导致装置破裂；②发生液压缩或液膨胀，产生“液击”（氟利昂压缩机有可能发生油击）；③压缩机的部件缺损，例如曲颈轴承螺栓折断或曲轴断裂，会引起压缩机的损坏。制冷系统的压力容器（包括贮液器、冷凝器、蒸发器、钢瓶等）的容器壁，都承受着制冷剂的压力，可能因操作或维修的失误造成异常高压，从而产生爆炸隐患。

应该特别注意所有压缩机设备所共有的危险，例如：排气温度过高、液体阻滞、操作失误（例如在运行时关闭排气阀），或由于腐蚀、热应力、液体冲击和振动而导致机械强度的降低（当制冷系统处在结霜、融霜交替进行或设备表面有绝热层的情况下，尤其要注意腐蚀问题）。

（2）化学因素方面安全知识

目前，被广泛应用的制冷剂主要是氨和氟利昂。氨气是一种具有刺激性气味的气体，属于Ⅳ级危害的有毒物质。人们吸入和接触氨气后，轻者产生黏膜刺激及损伤、眼睑浮肿、咳嗽、呼吸困难、呕吐、角膜溃疡等症状，重者窒息致死。氨气在空气中含量达到一定比值时，遇热或者遇明火可燃烧，甚至发生爆炸。大部分氟利昂虽然毒性较小，但是遇明火时又会分解为有毒气体（光气）。氯氟烃类氟利昂（包括 R11、R12 等）和氢氯氟烃类氟利昂（包括 R22 等）是当今世界环境保护的第二大和第三大问题——破坏地球臭氧层和全球变暖问题的主要原因之一。

（3）冷库建筑结构方面安全知识

冷库建筑区别于其他一般建筑的根本特点是“冷”。多数时间里冷库都处于内冷外热的状态。冷库要不断经受低温、外部环境温度变化、热湿交换、冻融循环等考验，其围护结构、绝热层、隔汽层或防水防潮层、冷库门和空气幕、防冻设施等要能发挥应有的作用，不仅要依靠正确的设计和合理的施工，而且还需要操作者在生产使用过程中的科学管理和规范操作。否则，可能产生诸如室内地坪冻鼓、“冷桥”、墙柱基础被“抬起”、地面与墙壁接连处胀裂等破坏性后果。

（4）电气方面安全知识

制冷系统以电能为动力。电力是一种便利、广泛、极具使用价值的能源。但是，如果由于设计、制造、安装时未能按有关规定进行，未能及时发现异常情况并采取措施，电气设备运行和维护不当，或由于设备绝缘自然老化等原因，电也会产生危害，如人身触电、设备烧毁、产品质量引起的火灾和爆炸等。此外，因静电而引起的火灾、爆炸等各种灾害和雷电灾害，也都是不容忽视的隐患。

（5）防火方面安全知识

制冷装置在正常运行时，如果没有明火，一般来说不容易发生火灾。但是，冷库建筑结构中的隔热层与制冷设备和管道的隔热层，通常由易燃物质构成。按照现行国家标准《建筑设计防火规范（2018 年版）》（GB 50016—2014）的有关规定，氨气属于乙类火灾危害性物质。加之冷库中电气设备较多，且在冷库建造过程与制冷装置安装和维修保养时，免不了进行焊接和切断作业，存在着火源、高温、电火花等容易引起火灾的隐患。由于冷库内密不透风，若不慎造成火灾难于抢救，甚至引起氨制冷系统发生爆炸事故，危害极大，必须引起人们的高度重视。

（6）起重运输方面安全知识

冷库在进行食品冷加工过程中，对货物的搬运、堆码、装卸，以及对机械设备进行的安装、制造、维修保养，都需大量使用起重运输设备，如电梯、千斤顶、起重机、输送机、叉车等。这些设备对提高劳动生产率，减轻劳动强度，改善劳动条件起着重要作用。但是，起重作业属于空中搬运，如果设计、制造、安装、使用、维修等环节上稍有疏忽，都可能发生起重伤害事故或者垮塌伤害事故，危及人身和设备的安全，也是不容忽视的安全问题。

按照知识的连续性原则，讲述本次课内容。

讲授时，对于容易理解、容易记忆的知识，只需讲解一遍。重点内容讲解一遍之后，提示其为重点，并再讲解一遍，可以举例说明。难点内容详细解释，并举例说明。

步骤 4　巩固知识

先抽点 1 ~ 2 名学员提问本次课的内容，以检查学员掌握程度。

接下来根据学员回答问题的情况，简要复述本次授课内容，并再次提示本次课的重点。

步骤 5　布置作业

将教案中设计好的作业布置给学员，并规定完成时间。布置作业时，重点和难点可多留作业，并可以根据学员掌握知识的情况有所取舍。

学习单元 6 节能、环保新技术知识培训

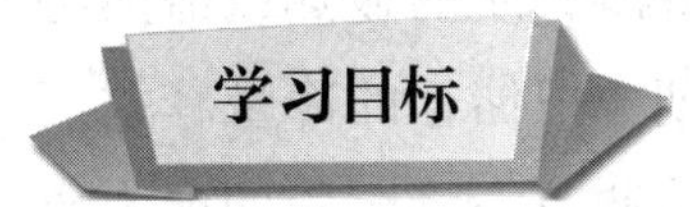

能够讲授节能、环保新技术知识

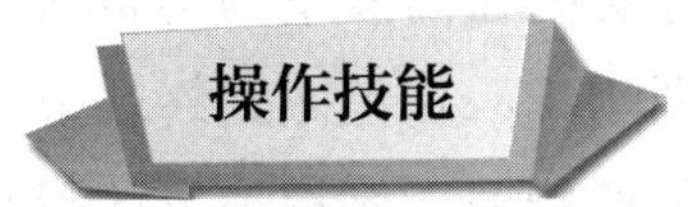

节能、环保新技术知识培训

一、操作准备

1. 准备培训计划

写出学员总人数、每一文化程度层次的人数、培训内容、培训教师、培训学时，写出本次课所讲授的职业模块、培训课程、学习单元名称。

2. 编写教案

根据本节课所需讲授的具体内容编写教案。

3. 准备教学用具

制作培训课件（PPT），并在计算机、投影仪上试放一次，检验是否达到教学要求。

4. 熟悉教学内容

对教学内容进行预演。

二、操作步骤

步骤 1 课堂组织

检查学员出勤情况，观察学员的基本状态。

步骤 2 复习引入

首先抽点 1 ~ 2 名学员提问上次课的内容，以检查学员掌握程度。然后询问学员是否预习教材中有关本次课的内容。最后简述上次授课内容，并引出本次课的内容。

步骤 3　讲授新课

（1）蓄冷节能技术

在建筑暖通空调系统中，蓄冷节能技术是较为常见的节能环保技术。该系统在用电低谷期，采用电动制冷机制冷，利用蓄冷介质的显热或潜热特性，用一定的方式将冷量储存起来。在用电高峰期，把储存的冷量释放出来，以满足建筑物空调负荷需求。此技术能够有效调节高峰时段的电力压力，实现电网平衡。通过“削峰填谷”可以降低装机容量和调峰容量，减少机组启停次数和低负荷运行时间，使机组大部分时间在高效率的满负荷工况下运行，既能降低发电煤耗，又能提高能源利用率，真正做到终端节能。利用此技术，能够满足低碳生活理念，实现节约能源、保护环境的目标。

（2）变频节能技术

变频节能技术拥有多方面优势，因此在各领域中被广泛运用。由于暖通空调系统通常都存在着或多或少的设计冗余，设备很难在满负荷状态下运行，在实际运行过程当中，其负荷受到以气候条件为主的外部环境、建筑物本身使用情况、室内人员的实际需求等多方面因素的影响会出现相应的变化，使变频节能技术的运用成为暖通空调系统的必然发展趋势。一方面，变频节能技术的应用，大大降低了暖通空调系统的能耗，同时能够依据具体需求灵活地选择不同的运行模式，促进了运行成本的有效节约；另一方面，变频节能技术很大程度地弥补了暖通空调系统的不足，实现了系统的优化与完善，满足了实际的需求。

（3）地源热泵和空气处理技术

在暖通空调系统设计中，通过地源热泵和空气处理技术的运用，可为人们营造出舒适的居住环境。在地源热泵节能空调系统设计中，可以通过对地下土壤资源的应用，将地源热泵系统在室内吸收的热量转移到地下，实现室内温度的恒定，并保证暖通空调系统使用的节能性。暖通空调系统中的空气处理技术，可以将外部空气进行冷却处理，通过过滤加湿保持室内湿度。同时，通过空气过滤技术的运用，可以将空气中存在的病毒、细菌进行过滤，为人们创造良好的呼吸环境，充分满足人们对生活舒适性的需求。

（4）可再生能源利用技术

可再生能源利用技术主要包括自然风能和太阳能技术的运用。

1）自然风能。自然风能的供冷是暖通空调系统可再生能源技术当中的一个重要部分。在供冷期间，当室外空气焓值与温度低于室内时便能够借助室外风的自然冷量来实现室内的冷负荷，一般这种情况发生在供冷的过渡期或夜间，此时可以采用新风直接供冷、夜间通风蓄冷的方式来进行。相较于常规的空调系统，自然风能的运用在很大程度上节约了电能，同时也减少了给环境带来的污染，改善了室内空气的质量。

2）太阳能。太阳能的运用分为被动式和太阳能采暖、太阳能制冷两方面的主动式。太阳能采暖以电为辅助能源来驱动经太阳能加热后的水在管道当中的循环流动，实现房间供热。太阳能制冷包括：以太阳能如何有效转化为电能为研究重点，用电能驱动压缩式制冷系统的太阳能压缩式制冷；将太阳能作为热源，借助太阳能辐射的热能驱动溴化锂－水溶液或者氨－水溶液系统的吸收式制冷；去除系统加热器与冷却器，使太阳能集热器和吸附床为一体，利用夜间室外空气自然冷却的太阳能吸附式制冷。

（5）热回收技术

中央空调在实际运转过程中，一般会产生大量的热量，这些热量会对环境造成一定的污染，并且也在不断增加空调的运转能耗。所以，通过引入热回收技术在空调运行中的应用，可以将系统运行中的热量进行回收，然后用于其他需要热量的场所，实现能源的回收再利用。

按照知识的连续性原则，讲述本次课内容。

讲授时，对于容易理解、容易记忆的知识，只需讲解一遍。重点内容讲解一遍之后，提示其为重点，并再讲解一遍，可以举例说明。难点内容详细解释，并举例说明。

步骤 4　巩固知识

先抽点 1 ~ 2 名学员提问本次课的内容，以检查学员掌握程度。

接下来根据学员回答问题的情况，简要复述本次授课内容，并再次提示本次课的重点。

步骤 5　布置作业

将教案中设计好的作业布置给学员，并规定完成时间。布置作业时，重点和难点可多留作业，并可以根据学员掌握知识的情况有所取舍。

学习单元 7　新型环保制冷剂相关知识培训

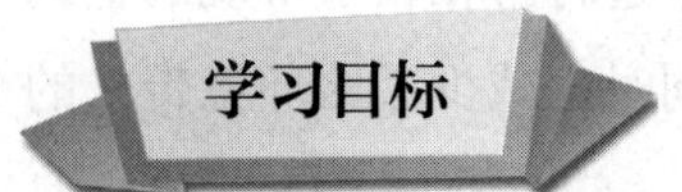

能够讲授新型环保制冷剂相关知识

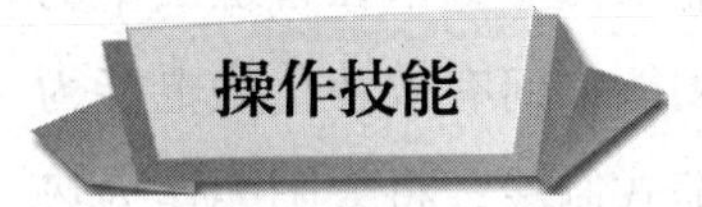

新型环保制冷剂相关知识培训

一、操作准备

1. 准备培训计划

写出学员总人数、每一文化程度层次的人数、培训内容、培训教师、培训学时，写出本次课所讲授的职业模块、培训课程、学习单元名称。

2. 编写教案

根据本次课所需讲授的具体内容编写教案。

3. 准备教学用具

制作培训课件（PPT），并在计算机、投影仪上试放一次，检验是否达到教学要求。

4. 熟悉教学内容

对教学内容进行预演。

二、操作步骤

步骤 1　课堂组织

检查学员出勤情况，观察学员的基本状态。

步骤 2　复习引入

首先抽点 1 ~ 2 名学员提问上次课的内容，以检查学员掌握程度。然后询问学员是否预习教材中有关本次课的内容。最后简述上次授课内容，并引出本次课的内容。

步骤 3 讲授新课

（1）不饱和氟化烯烃制冷剂

不饱和氟化烯烃的优点是臭氧消耗潜值为 0、全球变暖潜能值较低、无毒性，缺点是大部分具有弱可燃性，目前价格比较昂贵。在制冷性能方面，单工质的不饱和氟化烯烃容积制冷量小，系统应用性能系数较低。不饱和氟化烯烃在被应用时，其热稳定性、材料相容性、温度滑移等问题都需要被考虑。目前，不饱和氟化烯烃的研究热点主要是四氟丙烯。

（2）天然制冷剂

具有应用价值的天然制冷剂有氨（R717）、液态二氧化碳（R744）、丙烷（HC-290）和丁烷（HC-600），其中烷烃制冷剂在冷冻箱和家用电冰箱领域已被广泛使用。氨（R717）在冷冻冷藏和工业领域应用广泛，并且效率高，性能与 HFC-22 相当。但是因为其易燃易爆并且有毒，在楼宇空调中被限制使用。如果能解决密封和防爆的问题，在制冷空调系统中，氨将是 HFC-22 最好的替代物。液态二氧化碳（R744）具有优异的环境性能，是第四代制冷剂替代技术的研究热点。由于 CO_2 的饱和蒸气压较高，制冷系统需要在高压条件下运转，CO_2 需要进行跨临界循环。与使用普通制冷剂的压缩机相比，CO_2 制冷系统具有工作压力高、压差大、压比小、运动部件间隙难以控制、润滑较困难等特点，因此，压缩机的开发是制约 CO_2 制冷剂替代技术发展的难点。烷烃制冷剂不含氟和氯原子，臭氧消耗潜值为 0、全球变暖潜能值低、无毒、理论制冷效率高，具有很好的环保特性，缺点是具有强可燃性。目前应用最为广泛的烷烃制冷剂是丙烷和异丁烷。

（3）混合制冷剂

混合制冷剂是由两种或两种以上的纯工质按照一定比例混合而成的。按照是否具有共沸特性分为共沸混合工质和非共沸混合工质。早在第三代制冷剂时期，国际上已经采用了混合制冷剂的替代方案。目前，混合制冷剂的研究热点主要是氢氟碳化物混合制冷剂和不饱和氟化烯烃混合制冷剂。氢氟碳化物混合制冷剂是现阶段研究最多和最成熟的混合制冷剂。不饱和氟化烯烃混合制冷剂是兼顾环保和制冷两方面的性能而开发的新型制冷剂。目前，针对不饱和氟化烯烃混合制冷剂的研究较多，根据文献报道，不饱和氟化烯烃混合制冷剂的研发可分为二元混合、三元混合以及多元混合制冷剂。

按照知识的连续性原则，讲述本次课内容。

讲授时，对于容易理解、容易记忆的知识，只需讲解一遍。重点内容讲解一遍之后，提示其为重点，并再讲解一遍，可以举例说明。难点内容详细解释，并举例说明。

步骤 4　巩固知识

先抽点 1 ~ 2 名学员提问本次课的内容，以检查学员掌握程度。

接下来根据学员回答问题的情况，简要复述本次授课内容，并再次提示本次课的重点。

步骤 5　布置作业

将教案中设计好的作业布置给学员，并规定完成时间。布置作业时，重点和难点可多留作业，并可以根据学员掌握知识的情况有所取舍。

培训课程 2 技术指导

学习单元 1 技能操作教学的基本知识

了解技能操作教学组织的具体内容
掌握技能操作教学的具体指导方法
熟悉指导与学习效果评价的具体方法

一、教学组织

技能操作培训的教学组织与课堂教学有所不同，应注意以下几点。

1. 合理分组。根据实际操作训练用设备和仪器的情况，将学员分成 4 ~ 6 人的实训小组，并确定组长，由组长负责组织学员沟通交流，向教师汇报小组的学习情况。

2. 明确学员活动范围，学员如果要离开指定范围必须主动报告。

3. 明确分配操作任务，并分配操作所需的工具、仪器、设备、元器件、材料等，要求学员与学员之间互相检查，并由组长负责进行全面检查。

4. 学习结束后，各小组均需整理好工具、仪器、设备、元器件、材料等，并清理实训场地。

二、指导方法

指导方法是教学方法的细化，技能操作的指导方法属于实习作业教学方法。

技能操作培训教学的主要指导方式是示范操作。示范操作是直观教学的形式，可以使学员获得感性知识，把知识和实际操作技能联系起来。教师的示范操作应边操作、边讲解，做到动作准确、分步骤清晰讲授。必要时，在示范后可以让学员按要求重复操作。示范操作可以是现场示范，也可以提前录制好微课视频，一边播放一边讲解。

在示范和讲解的基础上，让学员进行操作，教师进行指导。指导方法主要有以下几种。

1. 集中指导

集中指导是指教师对全体或一个小组的学员，就实训过程中出现的共性问题进行指导。解决实训中发现的问题，及时指出和纠正学员操作过程中出现的错误。在集中指导过程中，要以激发和鼓励为主，肯定和表扬学员的工作态度和技能进步，使学员保持学习热情。

2. 个别指导

个别指导是指教师针对每位学员在掌握知识、技能技巧过程中出现的个别差异进行指导。教师需准确地发现、指出学员操作过程中的问题和偏差，根据实际状况提出具体的解决问题的办法，并督促学员改进落实，取得实际的效果。个别指导可以有针对性地帮助学员排除实训中出现的困难和障碍，保证学员正确地掌握操作要领，规范操作步骤，确保安全生产。在个别指导时，既要肯定成绩，又要指出不足，从取得的实际效果增加学员有成就感。

3. 巡视指导

巡视指导是指在学员操作过程中，教师对各实训小组及学员的操作做全面的检查和指导，主要是检查指导学员的操作姿势、操作方法、安全文明生产等。在指导中既要注意共性问题，又要注意个体差异，共性问题采取集中指导，个性问题采取个别指导。

4. 总结指导

总结指导是指在单元学习结束后，教师对学员学习情况进行总结、考核和评价。其目的是让学员明白是否达标、为什么没有达标、如何达标。引导学员认真总结成功经验和失败教训，帮助学员积累实践经验，形成学员自己的知识和技能。总结指导要肯定成绩，交流经验，分析存在的问题。提出批评前应有肯定，鼓励学员答辩和说明，提出的问题和意见越具体、越明确、越细越好，提出问题的重点要集中在可以改进的方面，提出的改进意见要以工作标准为尺度，对评论的现象不能以偏概全、全盘否定。

三、指导与学习效果评价

技能操作教学的指导与学习效果评价方法有以下几种。

1. 问卷评估

问卷评估是一种模糊评价方法，适用于调查学员对教师指导的满意程度。将要评估的内容制作成问卷形式，在每项内容上列出“优”“良”“满意”“不满意”选项，供学员填写。

2. 指导性评价

根据学员在学习技能操作时的情况，在操作结束后马上进行的评价称为指导性评价。这种评价可对发现的问题及时纠正，有口头评价和书面评价两种形式。进行口头评价时，应先谈做得好的方面，再谈不足之处，重复应该注意的要点和方法。书面评价意见应包括正确的方面及有待提高的方面。

3. 测试评价

测试评价适用于培训结束时，对学员学习情况进行的整体性评价。测试评价应对每一个操作项目有明确的评价结果，并需做好评价记录。

学习单元 2　技能操作教学的准备工作

掌握实践类课程教案编写的主要内容

熟悉教学设备与用具的管理、保养及准备工作

一、教案编写

实践类课程教案编写的主要内容如下。

1. 基本信息。包括课程名称，总课时，班级，教师，学习单元名称、课程类型，所需课时，上课时间等。

2. 教学目标、教学要点、主要教具设备材料。

3. 教学内容。包括教学准备，讲解新课，操作示范，巩固、检查、总结，整理场地、设备、工具、材料。

4. 布置课后作业、练习。

【案例 5-2】

教师教案 2

<table>
<tr><td>课程名称</td><td>制冷工高级技能操作</td><td>总课时</td><td></td><td>班级</td><td></td><td>授课教师</td><td></td></tr>
<tr><td>学习单元名称</td><td colspan="7">职业模块 1　培训课程 3　学习单元 3　制冷系统压力气密性试验和水系统压力试验</td></tr>
<tr><td>课程类型</td><td>技能</td><td>课时</td><td>3</td><td colspan="2">上课时间</td><td colspan="2"></td></tr>
<tr><td>教学目标</td><td colspan="7">能进行制冷系统压力气密性试验操作</td></tr>
<tr><td>教学要点</td><td colspan="7">安全要求、试验压力、检漏方法</td></tr>
<tr><td>主要教具设备材料</td><td colspan="7">制冷系统或模拟实验装置，空气压缩机或氮气瓶，连接管，扳手和旋具，肥皂水、海绵等</td></tr>
<tr><td>教学内容</td><td colspan="7">一、准备（约 15 min）
1. 准备设备和工具
2. 宣读安全事项
3. 检查系统缺陷并修整
4. 用隔离绳带设立禁区
5. 将需进行气密性试验的部分与系统其他部分隔离
6. 将需进行气密性试验的部分做标记并记录
二、讲解（约 5 min）
1. 进行气密性试验的目的
2. 气源气体介绍
三、操作（约 120 min）
1. 加压（对全体学员示范，集中指导）
2. 稳压
3. 检查泄漏（由学员检查，教师巡回指导）
4. 放压修理（对全体学员示范，集中指导）
5. 填写记录
四、巩固、检查总结（约 15 min）
1. 简述操作
2. 答疑
3. 总结
五、整理场地、设备、工具、材料（约 15 min）</td></tr>
<tr><td>课后作业、练习</td><td colspan="7">总结操作记录</td></tr>
</table>

二、教学设备与用具

教学设备与用具包括设备、仪器、模型、挂图、器材、化学品和材料等，这是操作培训教学的质量保证条件。优越的物质设施不一定能保证培训教学取得良好的效果，但欠佳的设施一定会影响培训教学的效果。工具、设备的使用技能是不会仅凭教师讲解和学员的想象就能获取的。

1. 教学设备与用具应由操作培训场所（实训室、实验室、实习厂）进行管理和保养。只有做好教学设备与用具的管理和保养工作，才能顺利进行教学。管理和保养工作主要包括以下内容。

（1）账、卡、物相符。每一件教学设备与用具（低值易耗品除外）均需登记在账，并建有设备与用具卡，账上数量、卡上设备状态与实物相符。

（2）教学设备与用具要按照教材内容的顺序存放，并做到定室、定位、定柜存放。

（3）制冷剂和高压、可燃气体单独保管。

（4）做到防尘、防锈、防燃、防热、防重压。

2. 教学设备与用具的准备工作

（1）对未使用过的设备与用具在使用前应先仔细阅读说明书。

（2）课前对教学设备与用具进行检查、试验。

（3）熟悉教材有关内容，熟悉设备与用具的结构、性能、使用方法和保养方法。

学习单元 3　作业指导书

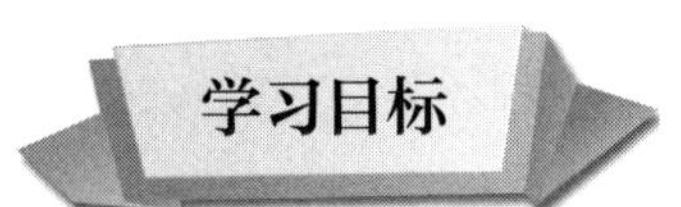

了解作业指导书的作用

掌握作用指导书的主要内容和结构形式

熟悉作业指导书的编写要求和注意事项

掌握作业指导书的审查与修改方法

一、概述

作业指导书是一种科技应用文，是对前人成熟的工作经验和教训加以整理和总结而成的。

作业指导书是针对某个部门或某个岗位的作业活动的文件，侧重描述如何进行操作，是对程序文件的补充或具体化。这类文件有不同的名称，如操作规程、工艺规程、工作指令、操作指导书、实训指导书等。

1. 作业指导书的作用

作业指导书作为文件化质量体系的第三级文件，在质量体系的运行中起着举足轻重的作用，多用于指导具体的作业，如设备的操作、产品或原材料的检验与试验、计量器具的检定、产品的包装等。

作业指导书是质量管理体系文件的组成部分，它既是质量手册、程序文件的支持性文件，也是对质量手册和程序文件的进一步细化与补充。作业指导书主要用于阐明过程或活动的具体要求和方法，可以说作业指导书也是一种程序，不过，它比程序文件规定的程序更详细、更具体、更单一，而且更便于操作。简而言之，作业指导书是用来指导员工为某一具体过程或某项具体活动如何进行作业的文件。

作业指导书应按规定的程序批准后才能执行，未经批准的作业指导书不能生效，经批准的作业指导书只能在规定的场合使用。作业指导书要按规定的程序进行更改和更新，严禁执行作废的作业指导书。

2. 作业指导书的主要内容

对于作业指导书的内容要求，通常应表达出工作的目的、范围及目标，应该按照操作的秩序或顺序，正确地反映要求和相关活动，尽量避免（减少）混淆和不确定度。作业指导书可引用质量手册、程序文件和本单位的工作标准，如设计规范、试验规范和工艺规范等内容。

作业指导书一般包括但不限于下列内容。

（1）主题概述，即此项作业的名称及内容是什么。

（2）适用范围，即在什么场所使用该作业指导书。

（3）编写目的，即为什么要编写该作业指导书。

（4）使用对象，即什么样的人使用该作业指导书。

（5）使用时间，即什么时候使用该作业指导书。

（6）使用方法，即如何按步骤完成作业。

（7）引用标准，即说明本作业指导书引用的有关标准、质量手册的有关章节及相关的程序文件等。

也可用回答问题的方式来完善作业指导书的内容，例如：干什么？在什么地方干？为什么？谁来干？什么时间干以及如何干？其中，如何干应该是重点编写的内容。

3. 作业指导书的结构形式

作业指导书的结构形式没有统一规定，完全取决于作业的性质和复杂程度。一般可分为标题、批准人、批准日期、目的、适用范围、引用标准、正文、试验条件、附录等部分。可以不完全具备这些项目，而根据需要表达的内容，选择所需要的项目。

二、作业指导书的编写

1. 编写要求

编写作业指导书的基本要求是科学、通俗、具体、严格。科学指所写的内容是客观事实或规律，不加入任何个人的主观看法和其他因素。通俗指表达要简单、明了，达到岗位最低文化要求的人员都可以看懂。具体是指作业指导书是用以指导某个具体过程，对技术细节进行描述的实用技术文件。严格指内容不存在科学性错误，所用术语必须是标准或通用术语，所用计量单位必须规范。

在写作时，要用陈述句式，不加人称代词。层次要清晰，标题层次必须前后统一，一般（但不强求）采用四级标题。

2. 编写注意事项

作业指导书的范围和详略程度应取决于工作的复杂程度、所用的方法，以及开展这项活动所需的技能和培训，应尽可能简单、实用。编写时的注意事项有以下方面。

（1）只写必要的内容

如编写压缩机维修作业指导书，可只写操作步骤。整机结构与性能、基本尺寸、易损件的允许偏差等在产品说明书中已有描述，没有必要重复。

（2）不定义术语

作业指导书可以使用各种术语，但术语由标准来定义。

（3）方便使用

作业指导书应尽可能避免全部用文字来表达，可以插入流程图、示意图、照片等，避免大量引用其他文件或表格。

（4）不写技术原理

技术原理由教材记载，而作业指导书的内容仅与操作相关。如写充注制冷剂，不要写“制冷剂的分类、热力性质、化学性质、环境相容性”等基本知识。

3. 审查和修改

作业指导书形成初稿后，一定要从以下几方面认真仔细地进行审查和修改。

（1）科学性审查

科学性审查即审查是否有科学性错误。若工程操作有科学性错误，轻则操作失败，重则酿成事故。

（2）适用性审查

适用性审查即审查所写内容是否符合生产实际。

（3）完整性和协调性审查

完整性和协调性审查即审查内容是否完全包括所需说明之处，各部分内容有无矛盾。

（4）文句审查

文句审查即审查结构是否合理，层次是否分明，文句是否通顺，是否有模糊不清的地方，是否有错别字，标点符号是否正确，表格和插图设计是否必要、合理、无短缺，符号、缩写、字母、比例尺、线条、说明和编号是否符合要求等。

参 考 文 献

［1］中国就业培训技术指导中心．制冷工（技师）［M］．2 版．北京：中国劳动社会保障出版社，2011.

［2］孙见君．空调工程施工与运行管理［M］．2 版．北京：机械工业出版社，2012.

［3］邱庆龄．小型制冷装置检测与维修［M］．北京：高等教育出版社，2012.

［4］朱立．制冷压缩机与设备［M］．北京：机械工业出版社，2014.

［5］李坤．户式中央空调安装与调试［M］．北京：机械工业出版社，2015.

［6］岳帮贤．制冷工［M］．北京：化学工业出版社，2003.

［7］刘孝刚．制冷设备安装调试与维修［M］．北京：北京理工大学出版社，2014.

［8］陈福祥．制冷空调装置操作安装与维修［M］．北京：机械工业出版社，2020.

［9］戈兴中．制冷与空调装置安装、维修及管理［M］．北京：化学工业出版社，2002.